集粹扬帆

 上海市城市规划设计研究院
规划设计作品精选集 III

THE SELECTED WORKS OF SHANGHAI URBAN
PLANNING AND DESIGN RESEARCH INSTITUTE

上海市城市规划设计研究院　编著

同济大学出版社
Tongji University Press

前言 PREFACE

　　继 2007 年出版《循迹·启新——上海城市规划演进》后，在建院六十周年之际，上海市城市规划设计研究院（以下简称"上规院"）组织编写了《集粹扬帆——上海市城市规划设计研究院规划设计作品精选集 III》，汇集了 2007—2016 年 10 年间上规院在总体规划、详细规划、城市设计、道路交通、基础设施等领域近百项规划项目及课题研究成果。

　　秉持与时俱进与择优集粹的原则，本书主要展示了上规院在主要领域完成的规划设计项目，包括创新引领与先行先试、新型城镇化与区域共建、民生保障与基础支持、城市修补与生态修复四个板块，反映了上规院在落实国家发展战略和上海发展目标与定位方面的相关工作成果。基于规划工作的不断积累，近 10 年间上规院的各类规划项目先后多次获得国家级、住建部和市级科技进步奖与优秀设计奖等，在全国同类设计单位中名列前茅，以规划实践工作充分践行"勇当改革开放排头兵，敢为创新发展先行者"。

　　过去的 10 年是上海推动实现"创新驱动、转型发展"的关键时期，上海紧紧围绕国家战略，坚持"创新、协调、绿色、开放、共享"五大发展理念，加快调整产业结构、改善城市环境、提升生活品质，以世博会、虹桥枢纽、国际旅游度假区为代表的一批重大事件、重大项目有力地促进了上海综合实力和国际地位的不断提升。随着城市发展模式的转型和新技术、新经济的不断涌现，城市规划的内涵、理论和方法也在不断发展，对规划工作提出了更高的要求。上规院始终践行"博学、求真、笃实"的精神，不断充实自身的技术力量、提升专业技能、拓展专业领域，在众多领域都取得了长足的发展，为上海的城市规划建设提供了重要的技术支持和决策参考，很多成果都处于行业领先水平。本书总结了上规院近 10 年来在各领域的丰硕成果，展现了上规院全体员工孜孜以求、勇往直前的职业精神。

　　"集过往之精粹，扬未来之风帆"。在深化改革的今天，上海面临土地资源紧约束、环境承载力有限、人口发展压力增大等问题，城乡规划工作面临巨大挑战，这就更需要规划从业者们不断提升规划工作的科学性、创新性。上规院将继续秉承"精心规划，惠泽千秋"的理念，站在城市规划发展的前沿，加强与国内外机构和社会各界的交流合作，不断提升自身的能力水平。展望未来，上规院将夯实基础、发挥优势、与时俱进，为城市更美好的明天而不懈努力！

上海市城市规划设计研究院

目录
CONTENTS

新型城镇化与区域共建

民生保障与基础支持

城市修补与生态修复

在过去的 10 年中，改革开放取得重大成果，创新驱动发展实现关键突破，城乡发展功能不断完善，社会治理创新走上新路，民生福祉持续增进，国际文化大都市建设成效显著，党的建设全面加强。过去的 10 年同时也是城乡规划工作不断变革的 10 年，上海市城市规划设计研究院（以下简称"上规院"）积极寻求转型之路，力求创新突破，为上海城乡规划建设乃至兄弟省市的发展不断贡献积极力量。

城乡规划在城镇发展中一直发挥着重要的引领作用，而上规院始终坚持为建设社会主义现代化大都市作出新的更大的贡献。习近平总书记曾强调："考察一个城市首先要看规划，规划科学是最大的效益。"上规院成立 60 年以来，在上海市委、市政府与市规土局的领导下，不断适应经济社会发展与城镇建设的新形势与新要求，上海的城乡规划工作始终认真贯彻落实中央和上海市委、市政府的战略部署和各项政策，为不断开创社会主义现代化国际大都市的新局面而努力。

党的"十八大"明确提出："科技创新是提高社会生产力和综合国力的战略支撑，必须摆在国家发展全局的核心位置。"上规院积极探索城乡规划工作的转型之路，在创新引领的发展中发挥先锋作用，如自由贸易区、世博会地区、国际旅游度假区等一系列规划项目的实践均是全国领先，其中自由贸易区的规划更为全国首例。此外，上规院在积极推进新型城镇化、民生保障、生态修复、城市修补等方面也紧跟国家与上海的战略发展要求，在规划工作中深化研究、锐意创新。

随着中国全面深化改革与加快创新发展的不断推进，在建设"四个中心"和社会主义现代化国际大都市的战略引领下，上规院始终坚定执行党和国家的战略方针，在上海市委、市政府及市规土局的领导下，将宏观战略逐步落实到实际的规划工作中。秉承"精心规划、惠泽千秋"的理念，不断提升专业技能，拓展专业领域，服务城市、造福人民。

创新引领与先行先试

当前，上海处于经济转型升级、创新驱动发展的关键时期。上海正积极地应对国内外环境的深刻变革，创新发展理念，促进城市全面协调可持续发展，提升城市的国际竞争力。城市规划工作是贯彻落实科学发展观的重要载体，是上海加快"四个中心"建设和推进建设具有全球影响力的科技创新中心建设的重要支撑。第一板块聚焦上规院在城乡规划实践、理念和方法中的进步和创新，立足城市创新转型和规划理念方法创新，服务城市全面可持续发展，并在多个方面体现了转型期城乡规划工作的探索和实践。自由贸易区的规划为全国首例，上海世博会的后续发展利用、虹桥商务区、旅游度假区等重点地区的规划也均为行业领先。此外，上规院多次参与编写标准、规范、导则，涉及城市交通、城乡统筹、地下空间和滨水空间等，为上海市委、市政府在城乡规划建设和管理方面的工作提供了技术决策支撑。

01 转型背景下特大城市总体规划编制技术与方法研究

获奖情况
2015 年度全国优秀城乡规划设计奖（城乡规划类）
二等奖
2015 年度上海市优秀城乡规划设计奖（城市规划类）
一等奖
2015 年度上海市优秀工程咨询成果奖　一等奖

编制时间
2011 年 1 月—2013 年 12 月

编制人员
金忠民、骆悰、陈琳、沈果毅、范宇、詹运洲、童志毅、
周凌、薛原、陈圆圆、欧胜兰、郭淳彬、刘淼、彭晖

研究聚焦转型时期特大城市发展面临的内外部环境和突出问题，借鉴国际城市的经验，结合城市总体规划编制的要求，强调总体规划向战略指引、公共政策和过程控制转变的特征，明确城市总体规划的定位是"战略纲领、法定蓝图、协调平台"；进而提出人口、居住、公共服务设施、生态、文化、综合交通和城市安全等方面应该作为编制核心内容；研究需要在编制技术和组织方式上进行创新的总体思路。最后，从组织方式和保障机制两个方面，从公共政策完整的程序角度，提出特大城市总体规划编制管理和实施建议。

一、研究背景

经历了改革开放 30 多年来的快速成长，中国已逐渐步入经济社会发展的重要战略机遇期与社会、资源、环境矛盾凸显期。面对外部国际环境的复杂变化和激烈竞争，以及内部社会进步、产业升级、生态优化的发展诉求倒逼，以北京、上海、广州、深圳为代表的一批特大城市亟待通过开展编制新一轮城市总体规划来明晰未来发展的目标导向、统一社会各方面的认识、制定推动城市转型的有效行动计划。

二、主要内容与结论

（一）转型时期特大城市发展特征和总体规划编制特点

中国特大城市普遍进入了成熟发展期，不再以用地拓展作为发展模式，开始重视环境品质、城市文化和城市安全，由此总体规划编制必须适应其转变。

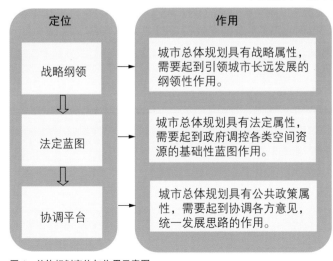

图 1　总体规划定位与作用示意图

（二）转型时期对于城市总体规划编制的新要求

研究归纳当前总体规划面临的内外部环境，主要有三个方面新要求：一是从社会和经济环境来看，总体规划必须适应"公共服务型"政府职能的转变；二是从制度和政策环境来看，城市总体规划要侧重于体现公共政策属性；三是从总体规划自身发展要求来看，城市规划的属性将逐渐由"技术性规划"向"政策性规划"转变。

（三）从公共政策角度明确总体规划的定位

研究提出，城市总体规划作为公共政策，应当是引导城市空间发展的战略纲领、发展蓝图和协调平台（图1）。作为战略纲领，城市总体规划要起到引领城市空间发展的纲领性作用，体现前瞻性、整体性和综合性；作为发展蓝图，城市总体规划要发挥政府调控各类空间资源的基础性蓝图作用，注重守底线、分层次、重维护三个方面；作为协调平台，城市总体规划要能够代表公众利益，沟通协调各方意见，遵循开放性、公共性和统一性的原则。在规划编制理念方面，需要突出注重民生保障、关注城市文化、强化生态保育、强调城市安全、突出城市管理五个方面的思维。

（四）转型时期特大城市总体规划编制的核心内容

本研究结合国内外案例和上海实证，归纳转型时期特大城市总体规划编制需要重点关注的核心内容。人口规模方面，强调多情景预测，增加就业人口与居住人口之间的关系研究；居住方面，在规划编制中需要关注人的需求，研究住房供应结构，以人为本细化住房政策标准；生态环境方面，应增加应对气候变化的相关内容，注重生态环境质量，强化目标政策导向；城市文化方面，要注重"软""硬"实力的提升，同时政府应当对文化发展高度重视并提供政策保障；综合交通方面，需要加强过程控制和统筹安排，保证各项措施在实施时序上保持和城市空间、社会发展的一致性；城市安全方面，应拓展安全防灾规划的范畴，将城市安全作为规划编制的重要内容，加强与综合防灾各部门之间的衔接。

（五）城市总体规划实施保障机制

本研究认为，城市总体规划的有效实施需要合理的组织方式和有序的保障体系（图2）。从组织方式来看，城市总体规划编制要遵循"政府组织、专家领衔、部门合作、公众参与、科学决策"的基本原则。在保障体系方面，未来城市总体规划编制需要适应经济全球化、信息化的要求，通过建立信息数据平台保证规划编制的科学性。同时，总体规划作为公共政策，需要建立一套动态维护和跟踪体制，而这其中的关键就在于建立一套保障规划实施操作的机制。

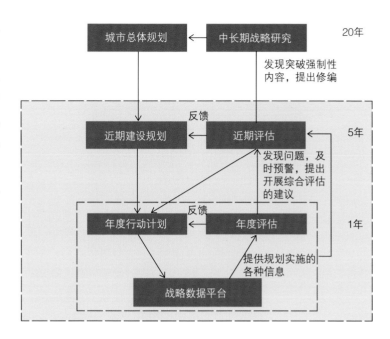

图2 总体规划实施动态维护机制示意图

三、创新与特色

本研究一方面是为住房和城乡建设部"城市总体规划改革与创新"课题提供支撑，为制定《城市总体规划编制和审批办法》提供基础；另一方面，是对城市总体规划如何适应中国处于矛盾凸显期和战略机遇期进行前瞻性研究。同时对于中国率先转型的特大城市上海而言，本研究将提供有益的实际指导和经验借鉴。

四、应用情况

本研究成果主要观点支撑了上海新一轮总体规划的编制，研究提出的总体规划定位、创新转型思路和编制技术方法已应用于上海市城市总体规划的编制工作。

02 上海市"两规"合一编制技术与方法研究

获奖情况
2011 年度全国优秀城乡规划设计奖　三等奖
2011 年度上海市优秀城乡规划设计奖　一等奖

编制时间
2009 年 1 月—2010 年 11 月

编制人员
俞斯佳、金忠民、詹运洲、沈果毅、骆悰、孙旌琳、张彬、
徐闻闻、孙忆敏、林华、吴燕、王全、方澜、奚海燕

为了协调城乡总体规划和土地利用总体规划(以下简称"两规")之间的冲突与矛盾，探索"两规衔接"的技术路径，在统一平台的基础上使两者在各自领域发挥核心引领作用，技术路线层面需要从底版数据、地类对接、布局比对、规模衔接等核心点入手，最终实现规模和集中建设区的统一。在此基础上，展开基本生态网络、工业用地梳理等系列专项研究，并为后续的上海市区县、镇乡级"两规衔接"奠定基础。

一、研究背景

现阶段中国土地资源短缺与利用低效现象并存，快速城市化进程与农地保护之间的矛盾突出。上海市近年土地资源紧约束日益凸显；城市空间布局蔓延、结构不尽合理。

新形势下城市需要 "两规"在相互协调的前提下形成合力来指导城市建设，需要寻求协调两个规划的具体实施技术方案。

依托上海市规划与国土机构整合的契机，结合相关研究支撑和试点区工作总结，将"两规衔接"工作推广到全市域范围，充分发挥城乡规划在空间布局方面的引领作用，同时落实规模控制的要求。

二、主要内容与结论

（一）工作思路

先以试点区摸索总结技术路线，而后面上推广；注重统筹、衔接和落地；同时在城乡规划引领空间的前提下，优化布局结构，确保土地利用总体规划分解的两项强制性指标（即建设用地总规模和基本农田保有量）的落实。

具体工作分为梳理、叠加和增减三个步骤。梳理：土地利用规划和城乡规划分别主要梳理土地利用现状和已批规划项目；叠加：将基本农田、现状建设用地分别与区域总体规划实施方案进行叠加，分析规划建设用地和基本农田的矛盾；增减：和区县多次沟通，在保证指标的前提下调整确定城镇建设用地控制线。

（二）"两规衔接"实施技术方案核心内容

应用新技术，确定工作平台：确定 AutoCAD 为落实建设用地布局时的工作平台，ArcGIS 作为后期计算建设用地规模、落实基本农田布局，以及形成果图纸的工作平台。

对接用地分类：结合城乡规划和土地利用规划分类特点，充分考虑未来规划和土地管理需要，形成可以衔接的用地分类系统。

统一统计口径：统一规划建设用地统计口径，对于规划建设区外的现状建设用地，项目兼顾城乡规划和土地规划的特点，将建设用地按布局分为三类，制定不同的管控措施。

统一工作底版：在土地利用方面，以土地利用现状图为基础，梳理近年现状建设用地审批数据，同时梳理批次供地、违法用地和基本农田数据，形成现实的土地利用现状图作为工作底版；在城乡规划方面，以各区县已批的区域规划实施方案的土地使用规划图叠加地形图梳理成工作底版。

用地布局与规模衔接：为落实建设用地、基本农田规模两个刚性指标，应做好"布局衔接"和"规模衔接"，城乡规划在空间布局方面发挥引领作用，规模方面则以土地利用规划为主。

三、创新与特点

同步研究支撑，其成果直接服务于"两规衔接"的实施技术路线（图1）。

技术组织创新，体现在上海市开展的市区两级"两规"在布局和规模方面的实际衔接工作，其成果经过"自下而上"（图2）"自上而下"以及"上下结合"等多轮磨合已基本稳定，充分体现了城乡规划引领下落实规模的特点。

后续管控落实，"两规"衔接的主要成果——"三线"（即建设用地控制线、产业区块控制线、基本农田控制线）进入局信息管理系统实施项目管控，并作为控制要素指导下层规划编制。

图2 "两规衔接"暨土地利用总体规划初步方案（自下而上）

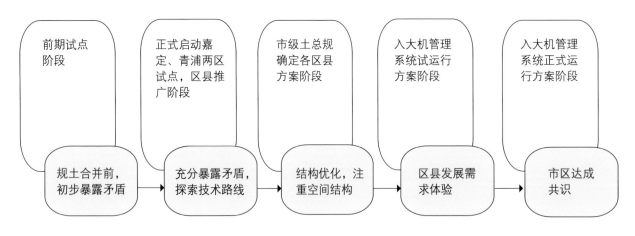

图1 实施技术路线

03 国际大都市转型规划和建设比较研究

获奖情况
2013 年度上海市优秀工程咨询成果奖 一等奖

编制时间
2010 年 12 月—2012 年 6 月

编制人员
石崧、陈琳、乐芸

合作单位
上海市规划和国土资源管理局
同济大学建筑与城市规划学院

研究立足于国际比较，重点关注伦敦、纽约、东京、香港等代表性国际大都市的城市发展转型时期，探索合适的应对策略，实现发展的新跨越。通过这样的国际比较研究途径、典型城市案例的纵向剖析方式，深度了解其他城市发展过程中如何通过规划这一公共政策，促进城市的成功转型，帮助上海更好地学习和借鉴其他国际大都市的规划策略与举措，从而为上海新一轮城市发展的规划战略提供决策咨询依据。

（一）研究背景

上海在"十二五"规划中提出了"创新驱动、转型发展"的发展理念在城市转型的关键节点，从城市比较的视角来梳理国际大都市在类似转型时期的社会经济特征，分析其城市政策制定及规划策略应对，对上海制定城市战略具有重要的借鉴意义和参考价值。

（二）主要内容与结论

通过对上海城市发展历程的脉络分析和当前发展面临的瓶颈剖析，研究认为上海正处于功能提升、产业升级和空间重塑的城市转型关键阶段。由此搭建城市转型的理论框架，提出城市转型的内涵是城市发展方式和动力的重大变革与调整，并从理论层面搭建了城市转型发展的多维行动框架，提出要从产业经济、社会结构、生态环境、空间形态四个维度关注城市转型特征，并将城市规划视为第五维度——政策体制的重要工具。

基于上述理论研究，系统梳理伦敦、纽约、东京、香港四个世界城市的发展历程，重点聚焦 20 世纪 70 年代后期以来城市社会经济发展的特征演进和规划政策的推动作用。从转型时期社会经济变革和规划政策响应的互动角度，研究提出，转型时期的城市规划的主要任务是在明确城市发展目标的前提下，以城乡空间为对象，以土地使用为核心，对于城市的经济、社会转型前瞻性地做出空间预案，制定长远的土地布局策略，并与其他公共政策相协调，为支撑创新驱动下的城市发展布局、重点地区规划和基础设施建设提供指引。

04 上海市及各区县 空间发展战略规划指南（2012）

在上海加快建设"四个中心"、实现"创新驱动、转型发展"的关键时期，本指南的编制和相关研究，是上海市的第一次尝试，旨在突出规划的空间引领、科学编制规划、提高规划管理水平的需要。本指南包括"1+17"的成果，即1本全市指南和17本各区县指南，是在调研和客观分析社会经济、城乡建设和土地利用的基础上，对空间发展情况进行评估，并提出规划导向和建议，对全市及各区县的区域发展、资源利用、空间布局等发展规划提供决策参考，服务于全市和各区县规划管理工作，并作为区县政府决策部门在编制年度规划计划、重点区域政策时的客观依据。

获奖情况
2012年度上海市优秀工程咨询成果奖　三等奖

编制时间
2011年6月—2012年2月

编制人员
周文娜、周凌、彭晖、黄珏、孙旌琳、邹玉、陈琳、毛春鸣、孙忆敏、刘敏霞、吴芳芳、纪立虎、倪嘉、杨文耀、范晓瑜、欧阳芊、郭淳彬、童志毅、金敏、岑敏

一、规划背景

在"十二五"开局之年，按照"聚焦创新引领领域，突出前瞻性和战略引领"的要求，上海市第一次尝试组织编制全市及各区县空间发展战略规划指南，在调研和客观分析社会经济、城乡建设和土地利用的基础上，对空间发展情况进行评估，并提出规划导向和建议，以期对全市及各区县的区域发展、资源利用、空间布局等发展规划提供决策参考。

二、主要内容与结论

基本情况部分从社会经济、城区性质、空间格局三个维度就区域主要特征进行总结，旨在总体上把握城区发展情况（图1）。

其中，空间评估部分重点就区域的空间发展情况进行评估，从自身发展需求角度来评估区县的未来发展重点。具体包含自身空间发展变化、区县横向比较两个维度，其中自身空间发展变化涉及本年度及近5年的土地使用、空间建设方面情况评估、未来发展的空间潜力判断；而区县横向比较涉及全市17个区县的空间发展质量情况比较。

规划导向部分重点从全市层面统筹分析各区域发展方向，从全市发展要求角度评估区县的未来发展重点。具体涉及区县"十二五"规划解读、地区规划动态、规划发展导向等方面。

工作建议部分是基于以上两个角度总结区县下年度需要重视的关键领域、重点任务，并从规划管理角度提出对策建议。

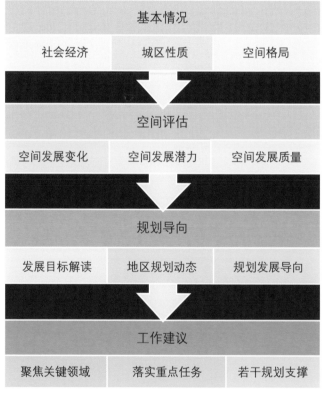

图1　规划主要内容框架图

三、创新与特色

空间发展战略规划指南通过年度滚动编制，提供了目标和政策修正的平台，实现了规划从静态蓝图规划向动态过程监测的转变，从规定性技术方案向倡导性空间发展政策的转变，从规模和速度导向向效率与质量导向转变，是规划编制体系的重要创新（图2）。

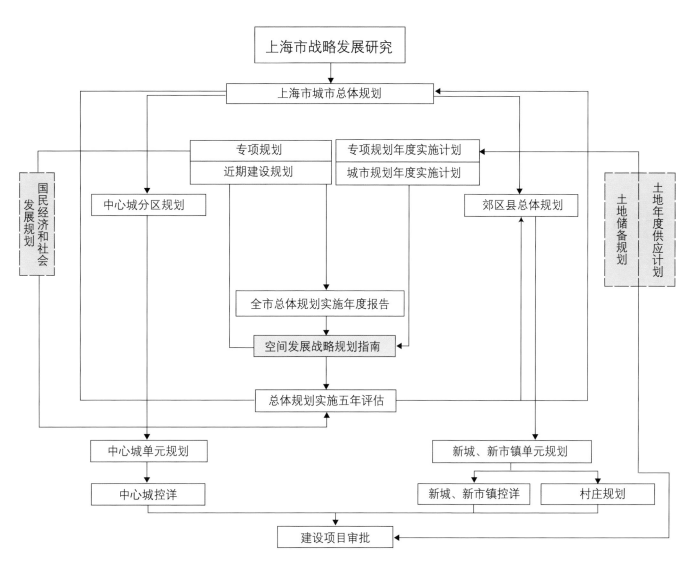

图2　本指南在规划编制体系中的地位示意图

05 城市总体规划与土地利用总体规划协调衔接研究

本研究以服务社会经济战略转型为目标，在综合梳理城市总体规划与土地利用总体规划（以下简称"两规"）相关法律法规、历史发展脉络、理论研究的基础上，以当前存在的矛盾和问题为切入点，以案例实证为参照，以上海市的实践为样本，在法律法规体系、规划编制体系、审批管理体系、编制技术方法等方面就"两规"的协调衔接展开初步探索并提出建议。

获奖情况
2011 年度上海市优秀工程咨询成果奖　二等奖

编制时间
2007 年—2010 年 12 月

编制人员
俞斯佳、骆悰、方澜、黄珏、孙旌琳、夏丽萍、范宇、
熊鲁霞、詹运洲、张彬

一、研究背景

对于土地资源而言，"两规"处于使用和约束的两极关系，确保了社会经济"又快又好"的发展。随着社会步入战略转型期，"两规"的矛盾不断增多，其背后反映的不是学科和技术的问题，而是涉及发展观和体制、机制建设等一系列深层次的问题，也就是在战略转型趋势下，需要在具体领域予以呼应和完善的内容。因此有必要以服务社会发展转型为目标，以"两规"当前突出矛盾为切入点，重新审视和思考"两规"的角色和关系，研究"两规"衔接的广度、深度和方式。

二、主要内容与结论

本研究主要采用了文献阅读、座谈研究、实地考察、案例分析等研究途径，通过相关资料的比较与分析、概括与总结、归纳与推理，利用 GIS 等技术搭建"两规"协调衔接的平台，结合文献进行归纳总结，提出对"两规"协调衔接的思考，并最终对城市规划在"两规"协调衔接中应对的转变提出建议（研究框架见图 1）。

针对当前"两规"关系及存在的主要问题，需着力完善以下四方面内容：

一是完善"两规"各自的法律法规体系有利于推进协调衔接，具体建议为：深入完善规划法规体系；在地方法规规章层面确定"两规"衔接的法律地位及规范；制定《空间规划法》；城市规划管理技术规定的覆盖范围应尽快向市域范围拓展。

二是合理完善编制体系有利于"两规"在各自领域凸显优势，分三个方面：国家层面形成宏观上位的法定规划或框架性文件；在规划编制体系方面，"两规"需进行内部完善和体系拓展；"两规"编制体系衔接应探索全方位衔接的模式。

三是健全实施管理机制有利于提高"两规"管理效率，具体有三个方面：建立部门联合工作机制；形成"两规"互认制度，形成管理合力；实施差别化的"两规衔接"管理。

四是合理互通的编制技术方法有利于"两规"在技术层面的协调衔接，具体包括：衔接规划期限等相关工作基础；详细对接用地分类；统一人均建设用地标准；共定规模、衔接建设用地规划布局；重视空间管治的协同。

三、 创新与特色

本研究具有三大创新特色。一为系统性、全面性，研究系统建立了"四个层面、五个领域"的完整研究体系；二为针对性、可操作性，研究顺应社会转型需要，针对社会热点问题，结合实证探索，最终形成理论依据与可操作性兼具的研究建议；三为普适性、趋势性，作为国家部级课题，突破了单一城市经验，初步建立"两规"衔接的普适性建议框架；并以趋势研究引领技术分析，革新传统做法。

此外，研究在横向上对四个方面进行相关研究的同时，亦纵向延伸研究领域，将研究与实践、案例与实证同步进行，依托正在开展的上海市"两规"衔接试点工作，同步推进理论研究和实践探索，引入 GIS 等技术，形成了理论研究报告和试点区域"两规"协调衔接数据库、图集及用地分类标准。

研究最后提出了对"两规"协调衔接研究的结论和建议，为全国相关城市在"两规"协调衔接中提供了相应的措施和途径，具有一定的可操作性。

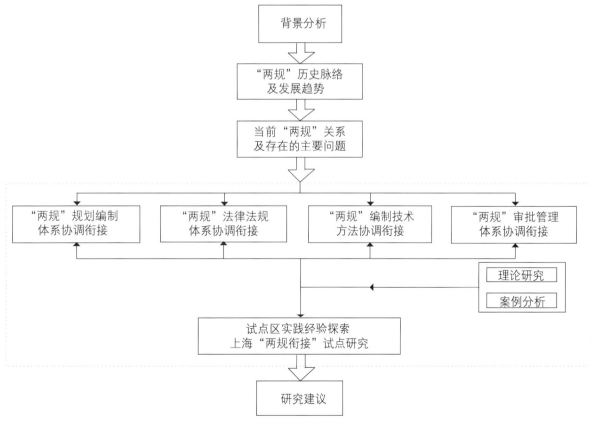

图 1 研究框架

06 上海市土地利用空间发展战略研究

在回顾和总结 21 世纪前十年上海城市发展建设特点的基础上,着眼后世博时期城市发展方略的宏观性战略性研究。课题以上海后世博时期的战略发展重点为核心,寻找和梳理关系未来发展效率的重点要素,探索城市规划与土地利用规划真正合二为一的工作方法,在城市总体规划的框架内深化、细化各项要件,优化、整合既有地方性规划,并提出空间资源分配和城市各系统综合配置的优化方案。

一、研究背景

在资源紧约束、改革开放进一步向纵深推进的发展阶段,上海城市经济发展方式转型的需求日益紧迫。在此背景下,以规划、国土行政机构整合为契机,为积极推进土地利用总体规划和城市总体规划"两规衔接",进一步促进土地利用规划编制的前瞻性和科学性,具有十分重要的现实意义和借鉴意义,对于上海土地利用总体规划编制工作亦具有很强的指导意义。

二、主要内容与结论

研究开展了世界城市案例和空间发展理论综述、上海城市空间发展趋势分析、上海产业发展方向及空间需求、上海交通建设与空间发展关系、香港经验借鉴五个专题,采取了城市案例考察(香港)、文献分析、比较分析等多种研究手段,以趋势分析为核心,以政策研究为重点,以对应操作为目的,提出研究建议和对策。

面向国际、服务全国和长三角带来的功能集聚和政策聚焦是上海后十年发展的"双引擎"(图 1);合理的城市空间形态是城市核心竞争力的重要组成部分,其中"多层多核"的市域空间形态和"多心开敞"的都市区空间形态是城市应长期秉持的理念;"一轴两链多核"的城市功能布局结构应成为各类资源配置的重点空间;"五个板块"的区域划分是空间管制、区域统筹的重要基础(图 2);"环、楔、廊、园、块"的有序结构体系是锚固城市生态空间,维护城市生态安全的基本保证(图 3)。

应在长三角区域范围内认识和布局上海市域发展方略,应跳出外环线的框架研究和布置都市区的发展计划。上海的都市区范围应包括城市总体规划提出的

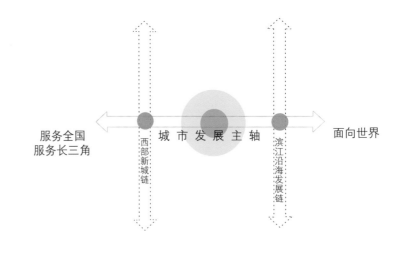

服务全国
服务长三角

西部新城链

城市发展主轴

滨江沿海发展链

面向世界

图 1 上海主要城市功能空间架构图

获奖情况
2010 年度上海市优秀工程咨询成果奖 二等奖
2010 年度上海市决策咨询研究成果奖 三等奖

编制时间
2009 年 4 月—2010 年 4 月

编制人员
俞斯佳、黄吉铭、姚凯、熊鲁霞、骆悰、徐闻闻、林华、石崧、俞进、孙忆敏、陈琳、周翔、金忠民、韦冬、方澜

图2　上海市土地利用五大板块划分方案

图3　上海市土地利用空间布局优化方案

建设敏感区，这一区域是尚未完全城市化建设的地区，将是上海都市区优化空间结构、提升功能配置、改善环境品质的重点完善地区。

上海正处于工业化后期向后工业化时代转型的关键时期。在这个迈向新阶段的征途中，以少谋多、以创新谋优胜将是上海的唯一选择。

07 集约发展理念下土地混合使用开发控制研究

研究主要分析土地混合使用的开发控制策略，有效应对当前市场开发需求，完善现有城市规划编制内容，并能为相关规划管理、土地管理政策制定提供技术支撑。研究总结土地混合使用的理念演进和开发控制趋势，通过借鉴国内外混合用地的开发控制经验，剖析梳理混合开发项目的典型案例，提出适合中国国情的混合用地分类控制原则和建议指标，并从规划编制、规划管理和土地管理等方面提出开发控制的策略建议。

获奖情况
2011 年度上海市优秀工程咨询成果奖　二等奖

编制时间
2009 年 7 月—2010 年 12 月

编制人员
俞斯佳、凌莉、苏功洲、孙珊、宋凌、陶成刚、苏甦、曹宗旺、曹晖、张娴、陈琳、熊健、伍攀峰

一、研究背景

2003 年以来，中国在快速城市化和土地紧缺的双重压力下，城市建设用地的集约度和高效性备受关注，城市进入了集约发展阶段，土地利用已从单纯满足功能要求转向对土地综合利用效果的评价，土地混合使用反映了城市土地和空间资源在功能组合和空间配置上的优化增效，是未来城市空间发展的必然趋势。在此背景下开展土地混合使用的开发控制策略，为相关管理和政策制定提供技术支撑。

二、主要内容与结论

（一）技术路线

研究从开发控制的基本思路、规划编制和管理体系、土地管理模式、相关政策保障等方面系统地提出土地混合使用的开发控制策略。重点针对城市规划编制和管理体系，提出法定规划各层面对土地混合使用的控制要求，其中控规层面的地块开发与控制是探讨的重点内容，研究同时对土地混合使用的土地管理、相关政策支撑和公共参与机制提出建议。

（二）研究综述

本研究主要探讨土地混合使用规划理念的理论溯源及演变；混合开发项目的实证研究及特点；当前国际混合使用开发控制的政策及发展趋势；以及国内城市土地混合使用的开发演进（图 1）。

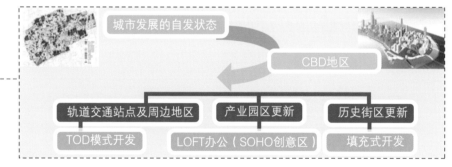

图 1　实证研究演进示意图

（三）国内外土地混合使用的开发控制经验

研究选取美国、日本、新加坡三个国家，以及国内香港、广州、深圳三个城市的案例进行研究，重点从规划体系、政策支撑、法规条例等内容总结混合用地的开发控制经验，包括多层次的规划引导、明确的混合用地分类、自由裁量的规划管理、积极的建筑用途引导和综合运用调节工具等内容（图2）。

（四）典型案例的要素特征研究

研究剖析了大量具有较强社会影响和外部积极性的开发项目，梳理出项目共性的要素特征：位于城市的特定地区，具有一定的开发规模，有着鲜明的规划理念、关联互动的使用功能、复合立体的交通支撑，一般还以出色的城市设计，以及基于市场的运作开发模式为特征。

（五）土地混合使用的分类控制及原则

研究从空间尺度和空间组合模式对土地混合使用进行分类，从主导功能角度提出街区层面混合的原则，从经济协同性、环境协同性、景观协同性等角度提出地块层面的混合原则，并重点从控规层面地块开发控制的角度，对典型混合使用的土地类型的控制要求和指标进行了探讨和建议。

（六）土地混合使用的开发控制策略

研究在当前集约发展的背景下提出开发控制的基本思路，从融入当前规划编制体系的角度提出用地分类、各层面规划控制等内容的要求，从推进混合开发的角度提出规划管理和土地管理的策略建议，并对相关政策的促进作用进行探讨。

三、创新与特色

研究的主要创新在于：系统梳理混合用地类型，提出量化控制要求；积极应对规划管理需求，提出混合用地的分类建议；首次明确提出规划各层面的混合使用的控制建议；从"两规衔接"角度提出土地管理的策略建议。

四、应用情况

研究提出的混合用地的规划控制方法和经验数据，被应用于《后世博嘉定新城低碳发展规划导引》《松江南站大型居住社区控制性详细规划》《松江泗泾东部产业园区控制性详细规划》《上海市大型居住社区规划实施评估》等相关的规划项目和研究之中。

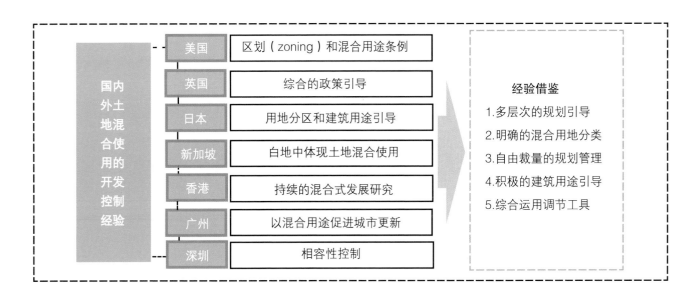

图2　国内外开发控制经验借鉴示意图

08 城市设计在上海城市规划工作中的应用

现代城市设计是城市规划领域的一门新兴学科，也是国内研究比较薄弱的领域，其相关理论和实践正在不断发展和充实的过程中。研究按照宏观、中观和微观城市设计三个层次，以城市设计理念为引导，较客观地分析上海及国内外一些不同空间、规模的城市设计实例，形成较完整的城市设计体系和基本理论、原则、设计要素等，通过上海优秀城市设计运用实证，形成具有可操作性的指导方法，为上海实施城市设计管理提供技术支撑。

一、研究背景

严格意义上讲，城市设计在中国还是一门新兴学科。如何建立比较完整、与管理实施结合的城市设计运用体系是个难题。随着上海向国际化大城市的转变，上海要进一步提高城市规划编制水平和城市建设质量，就必须在规划管理中系统地引入城市设计管理，探索特大城市如何运作城市设计的问题。

二、主要内容与结论

（一）总体思路

研究正确处理城市设计与城市规划的关系，将城市设计理念贯穿于不同规模、性质、阶段的规划中，同时不是机械地按照目前实施的总体／系统、分区／地区、控制性／修建性详细规划，设定一一对应的城市设计，而是根据需求和涉及城市设计主题的性质而定，理念上突出城市设计的重要性，具体运用中强调两者的有机关联，结合现行城市规划管理体制，研究与法定"一书两证"制度结合以保证城市设计有效实施的方法，使城市设计纳入城市规划实施体系。

（二）城市设计基础研究

主要研究城市设计定义、背景、学科发展阶段；对城市设计不同性质空间和规模的范畴进行界定；研究城市设计理论和基本原则，简述国内外城市设计的进展；研究用地、建筑、空间、活动、环境特性等城市设计要素及其运用原则。

（三）城市设计应用研究

城市设计运用重点建立宏观、局部范围和节点的城市设计应用体系，总结 35 个城

获奖情况
2009 年度全国优秀工程咨询成果奖　三等奖
2008 年上海市优秀工程咨询成果奖　一等奖
第七届上海市决策咨询成果奖　三等奖

编制时间
2004 年 3 月—2007 年 10 月

编制人员
叶贵勋、黄富厢、朱自煊、徐毅松、金忠民、苏功洲、熊鲁霞、卢济威、郭恩章、梁国兴、顾军、奚文沁、孙珊、卢柯、孙俊、钱欣、何海涛、沈果毅、王曙光、乐晓风、姚清、奚东帆

市设计优秀实例，并通过上海 21 个项目进行城市设计运用实证。研究的每一部分都有相关实例分析、上海的运用探索、研究小结等。关于城市设计的应用，研究主要提出了以下三部分内容。

1. 宏观总体城市设计研究的范畴

重点阐明城市发展战略、结构格局和实施控制的意义，并在目前的城市规划体系内，如区域城市战略、城市总体结构、中心城区或分区规划层次上体现城市设计理念，有助于城市设计学科的拓展。

2. 中观城市设计对象

对象具体包括：中心区、商业街及大道；历史文化名城、历史保护区、重点文物保护单位；居住区；滨水区等。

3. 节点城市设计的概念、意义、理论、原则

其中涉及城市广场、绿地、重要建筑环境、历史保护、城市出入口、标志以及室内化城市公共空间，对空间地面、建筑界面、植物、水体、铺地、环境设施以及设计成果要求进行研究；研究节点城市设计的性质、空间格局的关联和实施的作用，以及节点城市设计的主要类型和要求，并对广场的环境设计进行图解。

（四）上海规划编制中城市设计运作研究

研究提出将城市设计理念引入城市规划实施的思路；明确上海城市规划实施中进行城市设计的重点区域；阐明城市设计实施管理的程序；建立城市设计编制内容框架，形成城市设计成果的技术要求等，并且提出了上海实施城市设计管理的建议。

三、 创新与特色

研究具有以下三个创新点：一是全面提出了城市设计宏观、中观和微观尺度的三级范畴，独创性地建立三级城市设计编制体系，将城市设计要求贯穿于不同规模、性质、阶段的城市规划工作中；二是形成具有可操作性的、特大城市实施城市设计管理的方法，并明确了城市设计的技术成果要求；三是通过基础研究形成的《城市规划资料集：第 5 分册城市设计》（上、下），是国内第一部城市设计工具书，填补了中国城市规划行业基础性工程的空白，具有重要的实践意义。

09 经济中心城市产业结构调整与空间布局优化研究

研究探索了经济中心城市产业发展过程中产业升级的内在规律。同时，在产业结构调整背景下，探索产业与城市用地布局的关系，为经济中心城市的城市空间与产业发展寻求内在的决定性的因素，为城市发展提供经济产业层面理论与实践的依据，并进一步探索未来经济中心城市的发展战略与空间发展模式，优化城市布局结构，形成相应的城市规划思路。

获奖情况
2012 年"中国建研院 CAUPD 杯"华夏建设科学技术奖
三等奖
2011 年度上海市优秀工程咨询成果奖　二等奖

编制时间
2009 年 3 月—2010 年 12 月

编制人员
余亮茹、熊鲁霞、张逸、骆悰、黄珏、忻隽、姚文静、
朱琳祎、胡莉莉、陈琳、徐丹、郎益顺、訾海波、王威、
杨柳、王全

一、研究背景

产业结构的调整直接决定了城市的经济功能转变，进而对城市空间结构产生重大的影响。经济中心城市产业经济发达，产业集聚、产业结构调整和产业升级需求强，与城市空间布局的关联度高。中央提出科学发展观的国家战略对调整产业结构具有导向作用，在世界金融危机的背景下，经济中心城市如何实现产业结构调整与空间布局优化同步在当时是个崭新课题。

二、主要内容与结论

研究将产业经济与城市规划两个领域进行有机结合，探索了不同阶段经济中心城市规划布局以及产业结构特点，以及产业结构与城市空间结构演化的关系；总结了中国经济中心城市产业空间发展中的特征和问题，对产业发展和城镇空间布局的关系及趋势进行了分析和判断；在此基础上，进一步提出未来经济中心城市的空间发展战略与发展模式，优化城市布局结构，为产业结构调整做好准备，并提出了达到此目标的支撑系统建设的建议以及相关规划编制方法和技术体系，为城市产业发展战略提供引导和决策依据。

（一）探索研究经济中心城市产业与空间的新方法

研究探索了城市规划与产业规划紧密结合的技术路径，通过在国际经验中汲取营养，在历史教训中总结规律，在城市现状中发现问题，对城市群产业区的未来产业发展方向、结构调整内容进行了梳理与预判，对空间布局优化提出规划实施策略，对未来经济中心城市的转型提出环境、交通等支撑体系的保障建议。研究将实践理论与实证相结合、横向国际案例与纵向历史脉络比较相结合、定量与定性分析相结合、跨专业与跨领域研究相结合的技术新方法（研究框架见图 1）。

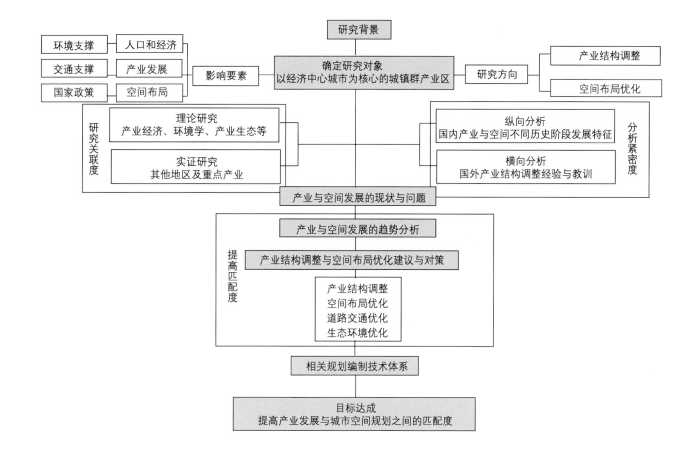

图1 研究框架示意图

（二）历史剖析经济中心城市产业与空间的新矛盾

全球化浪潮下，经济中心城市必须以转型来打破发展瓶颈，积极参与国际竞争。在此背景下，区域与城市联动发展的特征逐渐强化，核心城市成为区域发展的重要增长极，中国经济中心城市呈现出转型期的特点，同时也凸显了过渡时期的问题与矛盾。

（三）判断解读经济中心城市产业与空间的新趋势

中国产业将以空间集聚与梯度转移为总体趋势。沿海地区将成为引领中国产业创新和结构调整的核心区域，形成能够参与到国际产业分工中去的现代化、国际化产业体系。中西部地区则将成为新一轮产业集聚以及承接东部沿海产业转移的重点区域。

（四）长远思考经济中心城市产业与空间的新格局

研究基于对《全国城镇体系规划纲要（2005—2020年）》《全

国主体功能区规划》的深入解读，从产业发展布局与城镇发展布局如何提高匹配度的思路着手，提出了"多级多轴"的城市群产业区空间战略格局。

（五）规划引导经济中心城市产业与空间的新互动

以世界级城市群产业区与国家级城市群产业区相互联系为主，构成中国主要的"弓"形第一级发展轴，即沿海岸线及长江沿线发展轴。以国家级城市群产业区与地区级城市群产业区相互联系为主，构成第二级发展轴，即陇海—兰新沿线、滇藏沿线以及京广沿线发展轴。以各地区级城市群产业区之间及门户型经济中心城市联系为主，构成第三级发展轴。

综合交通方面，东部地区强化城际通道联系，加强资源整合；中部地区统筹交通基础设施建设，注重匹配和衔接；西部地区则重点提升枢纽节点与通道功能，构建综合运输体系应本着"宜水则水、宜陆则陆、宜空则空"的原则。

环境生态方面，经济中心城市应率先推广低碳经济、绿色经济的发展模式。在区域层面引导产业合理布局。在城市内部，应优化城市空间布局，引导企业向工业园区集中，同时开展环境影响评价工作，根据环境容量确定产业发展导向。

三、创新与特色

研究在国内首创了对城市规划建设动态进行评估跟踪的技术路线和工作内容框架，基于土地使用数据信息库支撑平台，从总量、布局及结构三个方面，对 1997—2006 年间的城市用地、人口、空间形态、交通、市政等进行分析，从而对城市规划建设做出总体性描述，是一项具有开创性的研究工作。

四、应用情况

研究成果已应用于《上海市土地利用总体规划》《上海市空间发展战略研究》《上海产业结构调整与空间布局优化研究》等规划和研究。

10 上海市城市近期建设规划（2011—2015）

获奖情况
2013 年度上海市优秀工程咨询成果奖 一等奖

编制时间
2010 年 9 月—2012 年 2 月

编制人员
邹玉、方澜、金忠民、詹运洲、黄珏、童志毅、毛春鸣、陈琳、范晓瑜、李艳、孙旌琳、杨文耀、彭晖、郭淳彬、王征、沈红、应慧芳、夏凉、陈晓鸣、沈阳、杨柳、张锦文、易伟忠、岑敏、谢靖怡、张安锋、赵晶心

"十二五"是上海加快推进"四个率先"、加快建设"四个中心"的关键时期。本次上海城市近期建设规划编制工作，鲜明突出"十二五"时期全市"创新驱动、转型发展"的主线，积极落实部颁通知强调的注重转型、民生、交通和安全的要求，并综合性地考虑了上海城市总体规划实施以来在城市规模、空间布局、产业发展、居住与社会事业、交通设施、市政工程等领域的变化和未来格局，为不断加强城市空间发展战略研究、优化和深化城市总体规划奠定阶段性的基础。

一、规划背景

按照国家住房与城乡建设部颁布的《关于加强"十二五"近期建设规划制定工作的通知》的要求，依据《上海市城市总体规划（2001—2020）》和《上海市土地利用总体规划（2006—2020）》，衔接落实《上海市国民经济和社会发展第十二个五年规划纲要》，上海市组织编制了《上海市城市近期建设规划（2011—2015）》，对未来五年内的市域空间发展及各专项系统建设进行预控和引导。

二、主要内容与结论

本次近期建设规划确定的目标和指标为：以"创新驱动、转型发展"为主线，建设"四个中心"和社会主义现代化国际大都市取得决定性进展，转变经济发展方式取得率先突破，人民生活水平和质量得到明显提高。全市生产总值年均增长率预期为 8% 左右，第三产业增加值占全市生产总值比重达到 65% 左右。规划到 2015 年，全市建设用地总量约为 3 070 平方公里；常住人口约为 2 500 万人，年均增长人口约 40 万左右。

近期建设规划主要内容：一是优化和提升市域"多轴、多层、多核"的空间布局结构，形成适应上海现代化国际大都市区发展的"多核、多轴（带）和多层次的基本生态网络"的总体空间发展战略结构（图 1）。同时，优化和提升中心城和新城"多核"布局结构，重点打造有利于发挥中心城辐射功能的沿海滨江发展轴和沪杭、沪宁发展轴"（图 2）。二是分项系统规划紧扣提升国际竞争力和建设宜业宜居品质的城市目标。基础设施规划强化基础设施的保障水平和运行安全。推进国际先进水平的基础设施体系，促进长三角地区一体化发展。

三、创新与特色

本次规划方法的创新首先体现在科学评估、"多规"统筹和专题研究上，以 5 年评估和年度研究报告为编制基础，通过对总体规划的动态实施监测，总结宏观发展趋

势和重点问题。规划将社会经济计划、城乡总规、土地规划相结合，明确近期发展空间格局，保证规划引导落实，严格保护基本农田，维护市域生态安全，实现城乡一体化发展。针对重点领域进行专题研究，有力支撑了规划的相关内容。

其次，本次规划将焦点对准新热点。一是聚焦"国际竞争力"，通过构建高端服务生活设施体系，营造国际一流品质与环境，增强上海城市的国际竞争力；二是聚焦"转型发展"，合理规划建设用地布局与规模，推进土地集约节约利用，构筑大都市基本生态网络，形成开敞通透、疏密有致的城市空间结构，维护生态安全；三是聚焦"民生保障"，构建住有所居的住房体系，完善社会服务设施体系，提高市政基础设施服务水平，保障城市安全平稳运行。

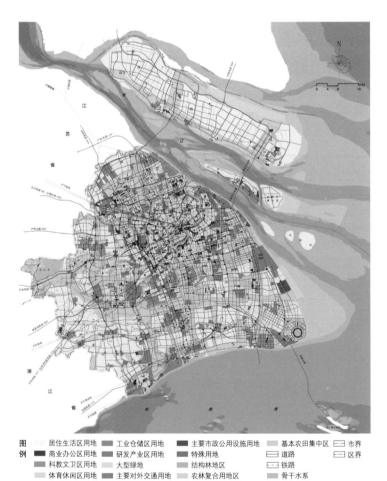

图 例　居住生活区用地　工业仓储区用地　主要市政公用设施用地　基本农田集中区　市界
　　　商业办公区用地　研发产业区用地　特殊用地　道路　区界
　　　科教文卫区用地　大型绿地　结构林地区　铁路
　　　体育休闲区用地　主要对外交通用地　农林复合用地区　骨干水系

图 1　土地使用规划图

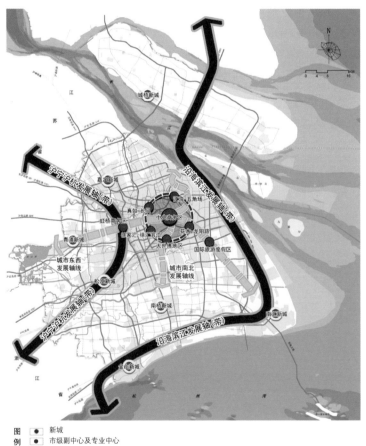

图 例　● 新城
　　　◉ 市级副中心及专业中心
　　　⇦⇨ 发展轴（带）

图 2　市域空间发展战略结构图

11 上海市郊野单元规划
编制导则

获奖情况
2015 年度上海市优秀工程咨询成果奖　二等奖

编制时间
2012 年 9 月—2014 年 3 月

编制人员
殷玮、曹宗旺、刘俊、杨秋惠、武秀梅、陶英胜

合作单位
上海市规划与国土资源管理局

《上海市郊野单元规划编制导则》（以下简称《导则》）是 2013 年上海市规土局的重点攻关项目，是指导全市郊野单元规划编制的技术依据和规范性文件。《导则》一方面明确了郊野单元规划的定义和意义，另一方面也界定了郊野单元规划的主要内容和基本技术要求，对郊野单元规划的成果内容和格式提出了规范性要求，最后明确了郊野单元规划的审批与管理机制和环节。《导则》自 2014 年 3 月发布后，有效地指导了全市郊野单元规划的编制和减量化工作的开展。

一、研究背景

2013 年上海提出了"负增长"的总体规划要求，标志着上海进入存量时代。上海市规土局以郊野单元规划为抓手，提出了"减量化"计划，以此实现土地利用的"减量"和"增效"。为指导郊野单元规划的编制，规范技术标准，开展了《导则》的研究工作。

二、主要内容与结论

《导则》是郊野单元规划编制的主要技术依据和规范性文件。一方面明确了郊野单元规划的定义和意义，另一方面也归纳了郊野单元规划的主要内容和基本技术要求。同时对郊野单元规划的成果内容和格式提出了规范性要求，并明确了郊野单元规划的审批与管理机制和环节。

多规合一：郊野单元规划创新性地统筹协调集建区外农村建设所涉及的各类专业规划，整合各领域资源，促进实现了集建区外各项发展目标。

减量规划：郊野单元规划以规划和土地管理政策创新促进全市转型发展，现已成为促进产业升级、加强环境保护、引导城镇内涵式发展的重要抓手。

政策创新：郊野单元规划是郊野地区规划土地管理政策汇聚的平台，为集建区外建设用地减量化提供实现路径和政策保障。

综合效益分析：郊野单元规划强调生态、经济、社会综合效益提升。

三、实施情况

2013 年起，市规土局陆续选择了松江新浜、嘉定江桥、崇明三星、金山廊下和奉贤奉城等 5 个处于不同城市化阶段，区位条件、资源禀赋、社会经济基础有较大差异的乡镇开展郊野单元规划编制和实施试点。

12 上海城市空间形态与交通发展关系研究

本研究以长三角区域协调层面为总体视角，立足城市空间和交通发展互动关系研究，采用定量定性相结合的方法系统研究城市空间和交通发展规律，借鉴国际大都市城市案例，对城市产业发展、人口布局、土地使用、综合交通系统开展关联分析，提出了市域空间划分交通片区的思路，明确支撑空间结构发展的交通需求特征和系统构建任务，并制定了面向空间结构优化的综合交通体系发展战略。

获奖情况
2013 年度上海市优秀工程咨询成果奖　一等奖

编制时间
2011 年 8 月—2012 年 10 月

编制人员
高岳、马士江、周文娜、许俭俭、岑敏、苏红娟、周翔、易伟忠、张安锋、朱春节、刘敏霞

一、研究背景

21 世纪以来，上海进入工业化后期向后工业化时代转型的关键时期，面临着环境、人口、土地资源等各方面的挑战以及自身经济结构调整转型和国内外经济激烈竞争的双重考验。同时国家战略要求上海加快推进建设"四个中心"。在此背景下，上海必须重新审视交通体系与城乡空间发展的耦合关系，构建内外一体、高效集约、空间协调的综合交通体系。结合国家的宏观要求，上海市启动了《上海市综合交通体系规划（2010—2020）》编制工作，为此，上海市规土局和上海市建交委联合组织开展本研究，作为上海市城市总体规划修编和上海市综合交通体系规划的支撑性基础课题。

二、主要内容与结论

城市空间形态布局决定了综合交通需求的空间布局，而交通发展又对城市空间格局的形成产生引导作用。作为《上海市综合交通体系规划（2010—2020）》的基础研究，本研究旨在宏观上研究上海城市未来发展的趋势，一定程度上明确城市发展的阶段状态，为城市交通系统的需求分析提供参考依据，提出城市空间形态发展需要城市交通系统分担的任务，此外，面向城市空间优化的交通规划战略也可为总体规划修编提供储备的技术支撑。

（一）上海城市空间发展和交通系统关系演变分析

对上海空间形态演变历程进行梳理，研究特征年份土地利用、产业布局、人口分布、城镇体系等空间形态特征与交通系统关系，并将上海城市空间和交通发展的关系划分为道路雏形期、公路和道路模式下的城市空间演化、高速公路带动下的城市空间演化和轨道交通（涵盖高铁、城际铁路等）带动下的城市空间演化等阶段（图1）。

（二）理论研究和国际经验借鉴

选取与上海在城市规模、交通特征、空间布局等方面具有一定相似性的国内外典型大城市（东京、香港、新加坡），将其进行类比，分析交通系统与城市空间形态发展的相互作用规律，寻找用以预判未来发展趋势的规律，并提炼对上海未来发展值得借鉴的经验。

（三）未来市域空间结构发展趋势研判

立足国家战略和长三角区域城市群的空间格局，研究郊区新城发展、大型居住社区、土地使用集中建设区划定、重点地区和重大项目实施等对上海城市空间结构的影响，对规划期上海城市空间形态、产业和人口布局等进行趋势研判，提出规划年可能的市域城镇体系布局和空间结构形态模式（图2）。

（四）市域空间结构和交通系统协调发展战略

在分析产业、人口等发展趋势的基础上，通过市域空间结构设想提出了支撑空间结构发展的交通系统任务和交通需求特征，提出了"双快"（指高快速路、快速公共交通，其中快速公共交通包括轨道交通、快速公交等）复合走廊系统和蛙跳式枢纽格局的支撑下构建一核多中心、群簇式发展的空间形态结构，通过慢行交通系统建设提升中心城功能活力的空间和交通互动模式。

三、创新与特色

一是研究基于大量人口、岗位、用地、交通需求等数据分析，全面系统总结了城市空间与交通发展互动关系，现状评估基础扎实，评估结论在众多研究课题和规划报告中应用。同时研究借鉴大量案例和理论，没有停留于案例表面，研究较为深入、系统地总结了国外大都市在交通和城市空间互动层面的机理，同时针对

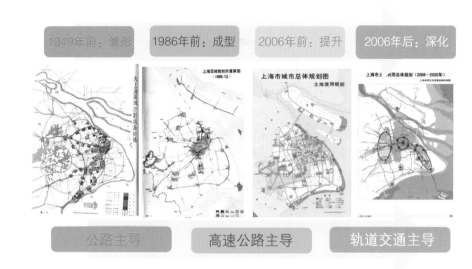

图1 城市空间与交通发展阶段划分示意图

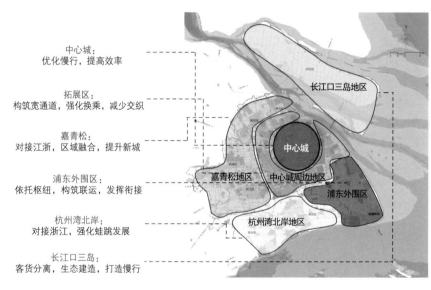

图2 市域空间划分与交通发展重点示意图

上海特点总结了可借鉴经验。

二是系统性地采用定量定性相结合的方法对城市产业发展、人口布局、土地使用、综合交通系统开展关联分析。基于上海市历年的现状土地使用数据库和综合交通大调查等数据库，对上海空间形态演变历程进行梳理，研究特征年份土地利用、产业布局、人口分布、城镇体系等空间形态特征与交通系统关系，定量化分析交通系统与城市空间的相互作用关系。

三是开创性地提出分区域的交通和空间协调策略，为上海市城市空间布局优化发挥支撑和引导作用。研究充分考虑不同地域交通需求强度、交通资源条件等差异，创新性地对市域空间进行交通片区划分，并提出区域差异化发展目标。区域差异思想的运用为战略方案设定拓展了思路。

13 上海市交通模型建设专项之交通模型标定和校核

研究采用了传统调查和大数据应用相结合的方法，特别是发挥了 GPS 数据、手机信令等大数据的优势，大大提高了模型的精度和可靠度。结合国内外模型实践工作的经验，系统地总结了模型校核的方法、合理性和敏感性测试方法。针对标定的模型参数，对现状交通模型进行运算结果评价，包括分区域出行产生吸引量、出行空间分布，交通方式分担率、主要道路交通流量、轨道交通线路客流等，交通模型建设准确度水平较高。目前，建成的上海市交通规划模型已经在轨道交通网络规划及重大道路工程中得到了很好的应用。

获奖情况
2015 年度上海市优秀工程咨询成果奖　二等奖

编制时间
2013 年 4 月—2015 年 1 月

编制人员
张天然、吕雄鹰、王波、吴迪、陈丽烨、朱春节、张婧卿

一、研究背景

2009 年下半年，上海市城市规划设计研究院启动"上海市交通规划模型数据平台"的建设工作，以期增强规划和重大建设项目决策的科学性。平台总共包括 14 个子项，交通模型标定与校核是其中主要子项之一。本次建模工作在继承传统数据校核和参数标定的先进技术基础上，结合大数据应用技术，对上海市交通模型参数进行了全面的标定，并对模型结果进行了校核。

二、主要内容与结论

（一）调查数据的综合扩样校核

由于交通系统和调查工作本身的复杂性，抽样调查实施过程中难免受到各种因素的干扰，造成调查的样本特征与母体特征之间存在一定偏差。本次交通模型的标定和校核，采用多元数据融合及综合扩样技术对各调查项目和数据成果进行综合校核。

（二）模型参数标定和验证

模型参数标定是在一定模型结构下，对参数进行不断地调整，使模型输出结果最大限度接近调查分析结果的过程。将居民出行调查、手机出行调查等调查扩样校核后得到的各规划分区的出行产生量、吸引量与交通模型的计算结果进行对比，在交通大区层面实现了高度的吻合。

三、创新与特色

模型的应用形式可以分为直接应用、专项细化和提供背景数据。直接应用包括全市性总体规划、综合交通规划、交通战略模式测试等宏观性项目。专项细化应用包括地区性交通规划、某一控规区域交通分析的研究、重大工程建设交通研究。在微观应用方面，如地块开发评价、建设项目交通影响分析，模型也可以为其提供研究的背景数据。

14 上海市建设项目交通影响评价技术标准

获奖情况
2012 年度上海市优秀工程咨询成果奖　二等奖

编制时间
2008 年 8 月—2012 年 3 月

编制人员
苏红娟、高岳、许俭俭、昝海波、朱春节、赵晶心

合作单位
上海市公安局交通警察总队

建设项目交通影响评价技术标准是建设项目使用者、开发者、相关管理部门各方利益诉求达成共识的平台。为促进土地利用与交通系统的协调发展，规范上海市建设项目交通影响评价工作，本技术标准与住建部《建设项目交通影响评价技术标准》同步编制，在国内率先完成国家标准与地方标准的无缝衔接。

一、研究背景

交通影响评价是优化地块功能业态、限制过高开发容量，用以协调建设项目的建筑规模，与周边交通系统承载能力相适应的技术手段。广泛开展建设项目交通影响评价已成为国际共识，并从法律体系上对建设项目交通影响评价工作的持续开展进行保障。

国内开展交通影响评价工作起步较晚，理论研究缺乏，经验和技术基础薄弱，且由于缺乏相应的法律地位保障，交通影响评价工作的推进困难重重，主要表现在技术内容不规范、理论基础少研究、基础数据难共享、审查管理无成效等方面。2008 年，由上海市城市规划设计研究院和上海市交警总队共同开展《上海市建设项目交通影响评价技术标准》（以下简称《标准》）的编制工作。

二、主要内容与结论

（一）国际、国内发展动态

研究系统阐述了建设项目交通影响评价的目的、作用和意义，国际发展动态和国内研究状况。

（二）上海存在的问题

从规划管理体系、法律保障体系、技术支持体系和管理模式等方面全面阐述了上海目前开展建设项目交通影响评价所面临的问题和困难。

（三）上海市建设项目分类标准和出行率标准

结合美国的建设项目分类经验，重点阐述了上海建设项目的分类目的、原则和建议，并依据上海千余个吸引点的调查数据资料，制定了上海不同区域、不同分类的出行率指标。

（四）上海市交通影响评价的技术指标体系研究

通过对美国、英国、日本等不同国家建设项目交通影响评价技术指标体系的研究，结合国家标准的要求，综合考虑上海规划管理的现实、现状数据资源的可获得情况、工作推进深度等，从启动阈值分类、启动阈值设置、影响评价范围、评价年限确定、评价高峰时段确定、交通需求预测方法等方面系统阐述了上海的标准参数（图1，图2，表1）。

（五）建设项目交通影响评价方法研究

针对规划阶段和方案阶段，本研究阐述了不同评价阶段所应

图1　上海市域建设项目启动阈值区位分布图

图2　中心城建设项目启动阈值区位分布图

表1　不同区位建设项目启动阈值

区位	建筑面积（万平方米）	
	公建类	居住类
一类地区：市级公共中心（CBD地区、城市副中心）	≥1	≥2
二类地区：内环内除1类以外地区	≥2	≥3
三类地区：内外环间除1类和2类以外地区、新城	≥3	≥5
四类地区：外环外除1类、2类和3类以外地区	≥5	≥8
大型交通设施类项目（T08）	必做项目	
停车泊位数超过200个的所有新建项目	必做项目	
学校（T07）	必做项目	
二级及以上医院的新建、改建和扩建	必做项目	
用地面积超过10公顷的工业仓储类项目（T09、T10）	必做项目	
其他政府管理部门认为需要进行交通影响评价项目	必做项目	

采用的评价方法和评价参数的选择及显著影响的界定标准等，建议规划阶段编制《交通影响评价意见书》、方案阶段编制《交通影响评价报告书》，并对意见书和报告书提出了详细的内容要求。

（六）交通影响评价管理程序建议

研究从交通影响评价在规划管理体系中地位、相关国际经验借鉴等方面建议建立统一的数据平台；规范市场准入，加强交通影响评价的过程管理；加强交通影响评价改善措施的实施监督，探索开征交通影响费的可行性等方面论述了上海应采用的交通影响评价管理程序。

三、创新与特色

《标准》首次统一了上海市交通影响评价的指标体系；《标准》是交通影响评价类国家标准首次在地方落地；《标准》编制体系完善，可操作性强。

四、实施情况

《标准》于2010年9月进行社会意见征询，2015年9月作为上海市工程建设规范正式实施，编号DG/TJ 08-2165-2015，在建设项目分类上更细化、参数指标更切合上海实际，具有更强的可操作性。

15 上海市地下空间规划编制规范

获奖情况
2015 年度上海市优秀城乡规划设计奖（城市规划类）
一等奖
2015 年度上海市优秀工程咨询成果奖　二等奖

编制时间
2007 年 7 月—2014 年 5 月

编制人员
苏功洲、束昱、奚东帆、赵昀、路姗、陈钢、史慧飞、
张悦、赫磊

本规范是国内首部对地下空间规划体系及技术方法进行全面研究并提出系统规定的地方规范，包括总则、术语、基本规定、编制内容、编制要求、规划成果六章，明确了地下空间规划编制的目标、原则和规划层次，对地下公共空间、交通设施、市政公用设施、防灾减灾设施、仓储物流设施以及地下景观环境等各项规划内容和技术标准进行了详细规定，并提出了各层次地下空间规划的成果要求。

一、研究背景

根据地下空间规划管理和开发利用需求，上海市建设和交通委员会下达编制《地下空间规划编制规范》（以下简称《规范》）的任务，在深入研究国内外经验和上海建设管理实践的基础上，对城市地下空间规划的体系框架、规划方法、技术标准、编制成果要求和指标体系进行详细规定，作为地下空间规划编制和管理的依据。

二、主要内容与结论

《规范》是国内首部对地下空间规划体系及技术方法进行全面研究并提出系统规定的地方规范。分为总则、术语、基本规定、编制内容、技术规定、成果规范六部分。

其主要内容与创新点主要有五项。一是将地下空间规划与现行城乡规划体系相衔接，保障地下空间规划的法律地位；将地下空间规划作为各层次城乡规划的重要专项内容，在工作内容、深度和成果上加强衔接，并整体纳入城乡规划管理与实施。二是强化地下空间作为土地空间资源的定位，注重资源保护与利用的科学平衡；明确提出"地下空间是土地空间资源的重要组成部分，是宝贵的国土资源"，要求在开发需求与资源环境承载力评估的基础上，科学制定规划策略，促进地下空间集约高效利用，保障地下空间的可持续发展。三是统筹地下各专项设施的系统布局与建设标准，强化系统规划的衔接；系统梳理各专项系统现行标准、规范，整体把握地下空间发展的目标与导向，形成统一的技术标准及系统间衔接避让要求。四是突出地下公共空间的主体地位，以地下公共空间为核心统筹地下各专项系统布局，强化与城市空间系统的融合。五是关注地下空间的权属特征，尊重并协调地下空间相关权益；对公共用地和私人开发地块制定差异化的规划控制要求，尊重并合理协调相关权益诉求。

三、实施情况

《规范》于 2014 年 12 月 24 日由上海市城乡建设和管理委员会正式发布，2015 年 4 月 1 日起实施，编号 DG/TJ 08-2156-2014。

16 中国 2010 年上海世博会园区规划评估

世博会园区规划作为世博会建设和决策的重要平台，对于世博会的成功举办具有重要作用。在世博园区的规划建设和运营过程中，既取得了丰硕的成果，也存在许多经验与教训。本研究从规划管理者、编制者、实施者和参观者等多方视角对规划方案和措施、实施效果等方面进行系统、客观的分析、评价和总结。

一、研究背景

2010 年上海世博会是中国作为东道国举办注册类综合世博会的第一次尝试，举办好世博会对于中国和上海的发展具有重大意义。世博会园区总体规划和控制性详细规划于 2005 年 12 月由上海市政府正式批准实施，经过 5 年建设和半年的办博考验，有很多方面的问题需要科学总结和归纳。上海市城市规划设计研究院从 2010 年开始开展了"中国 2010 年上海世博会园区规划评估"的研究，设立了 8 个专题。

二、主要内容与结论

（一）技术路线

从规划管理者、编制者、实施者和参观者等多方视角对规划方案和措施、实施效果等方面进行系统、客观的分析、评价和总结。通过经验教训总结，提出后续规划和实施的方向、重点和措施。

（二）评估方法

评估方法中既有定性分析方法，即通过定性描述来说明规划是否为决策提供依据以及是否坚持公正与理性；也有定量分析，如通过数据和模型等对规划措施和实施结果进行实证分析。从评估形式看，充分运用了踏勘、座谈、访谈、问卷等多种形式，以保证评估成果的公正、客观、丰富。同时，针对不同专题特点，采用不同形式。

获奖情况
2011 年度上海市优秀工程咨询成果奖　二等奖
第八届上海市决策咨询研究成果奖　二等奖

编制时间
2010 年 10 月—2011 年 3 月

编制人员
苏功洲、顾军、郑科、卢柯、李锴、黄轶伦、张旻、金敏、张璐璐、徐玮、杨心丽、王威、王剑

（三）八个专题

具体内容为：①对世博会所展示的城市发展理念与技术进行整理和归纳；②对各类场馆进行会期使用评价，并提出后续利用策略；③对园区综合交通规划和实施情况进行评价；④针对公共配套设施规划和服务水平进行评估；⑤对园区环境进行会前会后比较和评价；⑥对市政设施规划和使用情况进行评价；⑦对园区内历史建筑保护利用规划和实施情况进行总结；⑧对园区公共环境的实施效果进行评估。

（四）评估结论

结论主要有三：一是世博会园区规划（尤其是控规）是以系统方法为基础，通过务实高效的组织和运作体系，建立及时反馈编制机制，规划务实，体现精细化管理水平；二是充分学习国内外世博会和大型会展规划经验，理性借鉴，同时在自身实践中不断完善，探索创新，体现上海世博特色；三是在确保展会的正常运作和安全的前提下，人性化设计和低碳科技在世博会规划中获得了极大的关注。

三、实施情况

研究结论指导了《世博会园区后续利用规划》《世博会文化博览区规划》《后世博嘉定新城低碳发展规划导引》《重大事件对上海空间结构的影响研究》等规划和研究。

17 世博理念在上海城市转型中的规划应用研究

获奖情况
2013 年度上海市优秀工程咨询成果奖 二等奖

编制时间
2011 年 4 月—2012 年 8 月

编制人员
凌莉、曹晖、曹宗旺、庄一琦、钟骅、陶成刚、葛岩

2010 年成功举办的上海世博会以"城市，让生活更美好"为主题，展示了多个城市在规划理念上的成功实践，研究以世博会展示的核心理念作为视角来研究上海城市转型，探讨在城市规划中的应用。研究通过剖析世博会所展示的示范性案例，从城市和自然环境、社会人文、区域发展、城市管理四方面关系总结核心理念及相应的规划路径，结合上海转型背景，从规划编制的宏观和中观层面提出应用的策略建议，以及空间和技术领域的试点建议。

一、研究背景

2010 年成功举办的上海世博会是第一次在发展中国家举办的注册类世界博览会，第一次以"城市"为主题，赋予了人们一个新的视角去审视和研究人类文明进步与城市发展的关系。在上海建设"四个中心"和"创新驱动、转型发展"的关键时期，实践上海世博会的创新理念，对推进上海城市转型、实现现代化国际大都市建设目标具有积极意义。2011 年初开展"世博理念在上海城市转型中的规划应用研究"工作，着眼世博会对城市发展的战略影响，聚焦世博理念创新在规划领域的实践应用策略，并对上海转型发展的重点空间领域和技术领域进行探索和展望。

二、主要内容与结论

研究采用"理念分析—规划应用—试点实践"的研究方法，研读世博理念并为上海转型发展提供借鉴，同时聚焦世博理念在城市规划中的策略应用和试点实践。

（一）理念分析

研究全面梳理世博会主题体系、《上海宣言》、国家 / 地区馆、论坛和实践区案例中所展示的城市发展理念和创新实践，提炼出低碳生态、人文关怀、协同发展、智慧提升四大核心理念。这些理念在城市最佳实践区案例中都有充分的体现，其中，低碳生态是在人口与需求持续增长和资源环境制约相矛盾的背景下，审视城市与自然环境的关系，探讨可持续发展的新路径；人文关怀是指凝练城市发展的文化特质和人文底蕴，将"关注民生、以人为本"作为城市发展坚持的首要方向；区域协同强调城市发展立足区域，在城市群体中提升自身竞争力，实现资源互补和联动发展；智慧提升反映在信息通信技术发展背景下，通过信息整合和管理创新，促进城市复杂巨系统的高效运行。

研究结合上海当前转型发展背景，提出以"低碳发展"理念应对全球低碳经济发展，

以"文化引领"理念增强城市人文竞争力，以"以人为本"理念构建生态宜居的和谐家园。"低碳发展"理念的实现路径主要包括：选择集约紧凑的空间开发模式、促进高科技低碳产业的空间集聚、大力发展智能化公共交通系统。"文化引领"理念的实现路径主要包括：通过重大文化设施项目带动城市更新、保护并延续历史街区的文化遗存、推动文化创意产业的发展。"以人为本"理念的实现路径主要包括：持续优化城市各层次的生态环境、构建多元复合的居住社区。

（二）规划应用

规划策略的应用研究分为横纵两线，横向主要从规划编制的核心内容的空间结构、产业发展、土地使用、公共服务设施、道路交通、居住、生态景观、市政8个方面展开，纵向从宏观和中观深度拓展，探讨世博理念在区域规划、总体规划、详细规划层面的规划应用策略。

（三）试点实践

城乡空间的试点实践重点针对上海市中心城、新城、新市镇亟待转型的典型地区进行分析研究，并提出具有创新性、实践性的策略。中心城剖析市北高新技术服务业园区（产业转型）、世博会和田子坊地区（文化引领）、新江湾城地区（生态宜居）等案例；新城新市镇选取南桥新城、嘉定新城、川沙镇和徐泾镇等典型案例。其中重点针对处于工业化新城向服务业新城转型发展的嘉定新城主城区，编制低碳发展规划导引，聚焦低碳交通、生态节能技术、生态处理和环卫建设等领域，形成核心理念和策略、规划导则和指标、管理程序、政策保障等导引内容。技术领域试点聚焦低碳交通、生态节能技术、生态处理与环卫建设等领域。

18 上海世博会地区后续利用规划研究

获奖情况
2013 年度上海市优秀工程咨询成果奖　三等奖

编制时间
2008 年 7 月—2012 年 7 月

编制人员
苏功洲、奚文沁、卢柯、奚东帆、王佳宁、郑轶楠、徐玮

世博会后的场地后续利用对上海意义重大，研究从分析世博资源特征、借鉴国内外滨水区和滨水城市中心成功案例经验切入，结合上海城市发展战略，运用提升上海世博会城市发展理念，对地区后续功能定位、布局、规模和发展策略等方面进行深化研究，为世博会地区的后续利用规划和建设提供了直接的技术支撑。

一、研究背景

2010 年上海世博会是上海城市建设发展中经历的一次重要的大事件。为配合上海世博会地区后续利用规划和后续开发建设并提供技术指导，及时利用世博空间，并对上海城市发展发挥积极影响，开展了"上海世博会地区后续利用规划研究"，对世博会地区后续功能定位、布局、规模和发展策略等方面进行深化研究。

二、主要内容与结论

（一）深入剖析"世博"资源内涵

世博会在选址和制定规划时就考虑了后续利用的相关要求，研究在深入理解以往工作的基础上，强调理论与实践的结合，通过分析世博资源特征，包括区位与土地资源、历史文化与世博品牌资源、基础设施资源和生态景观资源等把握后续发展机遇。

（二）把握都市滨水中心发展纲领

研究认为上海世博地区包含了多重身份，对应不同要求与趋势。一方面，滨水区的更新秉持了城市功能重构、空间重塑、生态回归、历史传承、美化景观和活力触媒的天然使命；另一方面，大都市中心区均以中央活动区（CAZ）为新兴发展模式，强调功能构成混合日十地布局复合，注重全时段人群活力的集聚。

（三）构建城市"大型公共活动区域"

研究提出世博会及周边地区（分布于黄浦江两岸，包括世博会地区、耀华地区、三林地区和徐汇滨江地区等）未来将发展成为综合性大型城市公共活动区域（图1）。

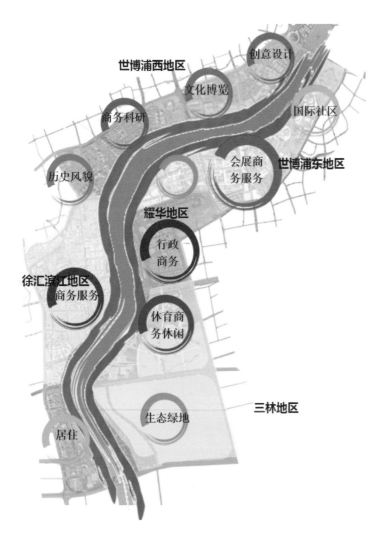

图1 世博会及周边地区功能构成示意图

（四）制定既协同又有差异的分区策略

研究提出三条布局原则：第一，结合世博会组成地区的特征和发展条件，注重区域协调融合；第二，强调以核心功能为引导，综合完善配套功能；第三，合理安排开发时序，为地区可持续发展预留空间。由此，浦西地区重点塑造"国际文化交流中心"，浦东地区塑造"会展商务中心"，后滩地区作为发展预留空间的总体格局基本形成（图2）。

三、应用情况

世博地区转型正逐片开展，世博会地区后续利用是上海城市中心首个大规模、整体性的转型发展工程，对全市意义重大。后续利用研究为世博会地区未来的规划和建设提供了技术支撑。

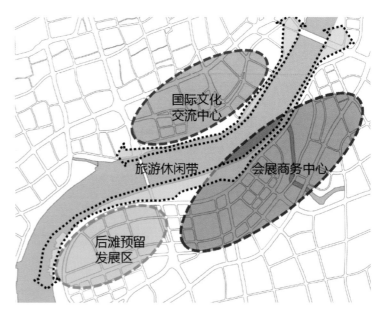

图2 世博会地区功能组团结构图

19 世博会地区结构规划

获奖情况
2012 年度上海市优秀工程咨询成果奖　二等奖

编制时间
2010 年 9 月—2011 年 6 月

编制人员
卢柯、徐玮、陈敏、周雯君、吴秋晴、何宽、黄轶伦、
金敏、张旻、钱欣、王佳宁、秦战、周源、郑迪、陆晓蔚、
王曙光、郭鉴、郑轶楠、易伟忠、李东屹

世博会地区结构规划通过梳理世博资源特征并结合上海城市发展战略，借鉴上海世博会城市发展理念，强化系统协同，突出以人为本，体现低碳生态和强化文化传承。研究确定世博会地区后续利用规划的目标理念、总体定位以及功能布局、基础设施、景观环境、开发时序和近期利用等方面的基本原则，并针对浦东会展商务区、国际社区、后滩拓展区、浦西文化博览区、城市最佳实践区及滨江生态休闲景观带分别提出相应的规划导引。

一、规划背景

上海世博会第一次以"城市"为主题，它的成功举办提供了一个就近了解世界城市发展历程并学习国际先进理念经验的机会，也为上海未来的城市发展创新提供了生动的例证。世博会地区作为上海最重要的滨水区域、上海城市中心区重要的战略空间之一，地区后续利用将成为诠释世博主题，引领上海城市未来发展的最佳实践。

二、主要内容与结论

规划通过梳理世博资源特征并结合上海城市发展战略，借鉴、提炼并运用上海世博会城市发展理念，强化系统协同，突出以人为本，体现低碳生态和强化文化传承，研究确定世博会地区后续利用规划的目标理念、总体定位以及功能布局、基础设施、景观环境、开发时序和近期利用等方面的基本原则，并针对浦东会展商务区、国际社区、后滩拓展区、浦西文化博览区、城市最佳实践区及滨江生态休闲景观带分别提出相应规划导引，采用基于结构规划的特定规划层次，以衔接总体规划，并有效指导下一层次各片区控规编制（图 1）。

近期利用相对集中，并与后续开发时序相衔接，推进地区向长远期目标有序过渡；预留后滩拓展区，与近期开发地区在时序上形成一个过渡，保障后续开发的灵活性与弹性（图 2）。

三、创新与特色

本规划创新特色有二。其一是将浦东会展商务区定位为国际化城市中心商务区，打造 24 小时活力中心。这部分的规划特点包括：①强调混合布局；②塑造尺度宜人的街区空间；③建立立体公共活动体系；④延续世博园区空间体系；⑤延承世博生态理念。其二是形成引领全市文化发展、世界一流的浦西文化博览创意区，规划特点包括：①展馆主题多元、体现能级；②形成一个与城市生活相融合的复合功能区；③塑造特色博览文化街区整体空间意向；④注重引进国际知名品牌；⑤注重室外展览与活动组织。

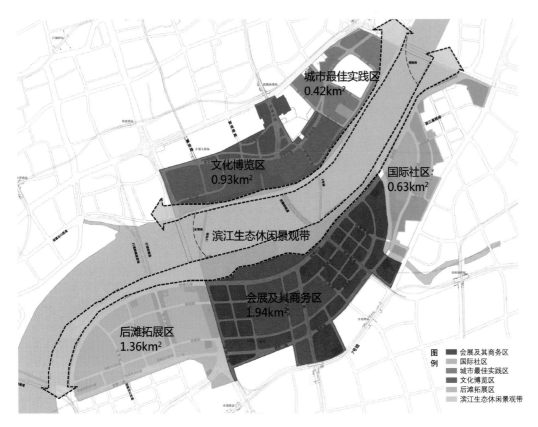

图1 功能结构分析图

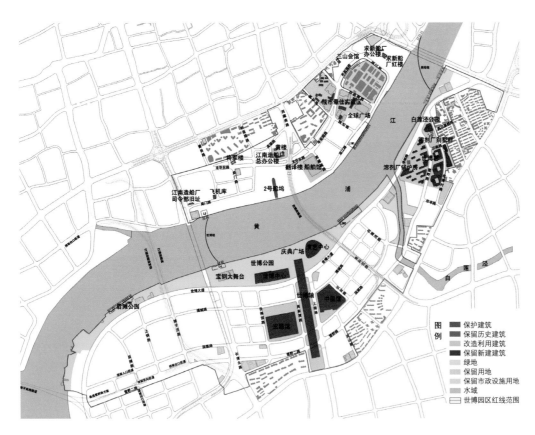

图2 世博保护、保留及改造利用建筑图

20 世博会会展及其商务区 A、B 片区控制性详细规划

获奖情况
第五届上海市建筑学会建筑创作奖　优秀奖

编制时间
2011 年 9 月—2012 年 7 月

编制人员
徐毅松、张玉鑫、苏功洲、郑科、何宽、陈颖、张璐璐、
陈鹏、吴秋晴、周源、秦战、郑豪、陆晓蔚、张旻、金敏、
徐维平、沈果毅、冯烨、卢柯、阮哲明、施慰

世博会地区 A 片区位于世博会浦东片区，是世博后续开发的重要组成，规划尝试塑造一个更加人性化的商务环境，使之转变成为充满魅力的 24 小时商务社区——"世博绿谷"。世博会地区 B 片区位于世博园区一轴四馆西侧，为规划的五大功能区中的会展及其商务区的一部分。规划中贯彻以人为本原则，功能配比符合市场需求和空间设计，尺度宜人；进行统一开发，形成地上地下空间整体开发的模式，共同打造一处人与自然和谐的可持续的商务空间，更好演绎了"城市让生活更美好"的世博理念，也将成为上海后世博发展和城市建设的典范。

一、规划背景

世博会地区后续利用规划将有机融入上海国际化大都市发展，特别是在"四个中心"建设的总体功能框架中，根据自身优势补充上海国际化大都市的相对功能，最大程度发挥世博效应，使之成为促进上海城市功能转型和中心城区功能深化提升的重要功能载体。

二、主要内容与结论

世博会地区 A、B 两大片区将结合一轴四馆的改造利用（图 1），以中国馆为核心，完善会展配套服务及商务功能，形成国际会展及商务集聚区。其中 A 片区所在的会展

图 1　会展及其商务区规划总平面图

及其商务区是世博会地区"五区一带"中的重要组成部分。A 片区的目标是成为国际知名企业总部聚集区和具有国际影响力的世界级工作社区。世博会地区 B 片区（企业总部集聚区）位于世博园区一轴四馆西侧，为规划的五大功能区中的会展及其商务区的一部分（图 2）。B 区范围东临世博馆路，西至长清北路，南临国展路，北至世博大道，规划用地面积约 25.11 公顷。

规划围绕顶级国际交流核心功能，形成文化博览创意、总部商务、高端会展、旅游休闲和生态人居为一体的上海 21 世纪标志性市级公共活动中心。世博会地区将形成功能多元、空间独特、环境宜人、交通便捷、体现低碳与创新、富有活力和吸引力的世界级新地标。B 片区具备了建设顶级商务区的潜质，将发展成为环境宜人、交通便捷、低碳环保、具有活力的知名企业总部聚集区和国际一流的商务街区，使之成为促进上海城市功能转型和中心城区功能深化提升的重要功能载体。

三、创新与特色

（一）强化功能多元，打造 24 小时活力街区

规划注重园区内商务办公和配套商业、居住、餐饮、休闲、健身等功能的适度混合，满足各类人群的生活需求。

（二）强化以人为本，创造可步行化的环境

规划注重人性化空间的整体营造，采用高密度、紧凑型街坊空间设计，强调街道界面连续，提供丰富的城市肌理和多样化的活动空间，鼓励建筑公共开放，构建立体公共活动创造连续的适宜步行的环境。

（三）强化地区形象，打造国际性标志地区

规划注重延续世博空间意象，延续已形成的轴线、广场、绿廊，凸显中国馆的标志性地位，形成整体上融合协调的空间体系。

（四）强调生态环保，促进地区可持续发展

规划注重体现公交引导和滨水区步行化引导的空间布局，倡导低碳出行；采用低高度、大进深的建筑布局，推广绿色建筑，降低建筑能耗；延续世博会节能环保系统的应用，包括分布式供能系统、垃圾气力输送系统、杂用水处理及雨水收集系统等，以及推广新能源应用。

图 2　世博会地区 A、B 片区及一轴四馆区效果图

集粹扬帆
上海市城市规划设计研究院规划设计作品精选集 III

21 世博会后滩地区后续利用结构规划及启动区控制性详细规划

获奖情况
2015 年度上海市优秀工程咨询成果奖 二等奖

编制时间
2012 年 5 月—2015 年 3 月

编制人员
苏功洲、奚文沁、王佳宁、陈敏、周雯君、郑轶楠、金敏、
易伟忠、高凤姣、卞硕尉、吴秋晴、陆远、楚天舒、王睿、
扎博文

后滩是世博会地区后续利用中的最后一块宝地，规划以延续世博主题和世博精神为理念，提炼"生态"和"盛会"两个关键词统领各项规划，制定导向性发展策略。因此，规划不仅纳入功能策划与形态设计以指导土地使用、交通组织等基本规划要件，而且通过美国绿色街区标准向本地控制性详细规划标准的转化，将策划效果化解为规划控制要素和管控手段，落实至法定控详。

一、规划背景

2010 年上海世博会结束后，根据《世博会地区结构规划》，该地区作为上海新时期实现转型发展的重要功能承载区，将逐步建设成为 21 世纪标志性市级公共中心。位于卢浦大桥西侧的后滩地区被定位为城市可持续发展预留战略空间。

二、主要内容与结论

规划结合本地地域特征，以"永不落幕的世博会"为理念，形成两大设计概念：以世博后续资源为线索，建设具有全面代表性和广泛影响力的"低碳生态示范地"；以展会主旨和世博体验的功能活动为线索，建设惠及民众的"公共盛会大舞台"。围绕两大设计概念，展开一系列低碳和活力设计：①通过集约高效的空间布局、规模集聚的绿地体系、绿色快捷的交通组织、低碳环保的应用技术塑造"低碳生态示范地"；②通过高度混合的功能业态、特色鲜明的城区景观、缤纷精彩的公共活动、前瞻引领的城建展示营造"公共盛会大舞台"（图 1）。

三、创新与特色

以综合承载力为门槛，制定规模先导的规划；灵活运用美国绿色街区标准，探索上海低碳设计路径；生态与人文功能并举，在绿地上再造盛会舞台。

图 1 绿地公园设计意向

22 中国（上海）自由贸易试验区结构规划

中国（上海）自由贸易试验区现状 90% 以上为建成区，新增开发用地有限，存量更新改造将成为未来自贸试验区建设新常态。为指导自贸试验区的建设发展，同时探索存量用地更新改造的技术路线，为城市更新积累先行先试的经验，规划提出"土地复合、弹性引导、以人为本"三大指导思想，并针对上海市既有控规的编制方法和准则，提出适应自贸试验区发展的改革措施。

一、规划背景

2013 年 9 月 29 日，中国（上海）自由贸易试验区正式挂牌。根据国务院《中国（上海）自由贸易试验区总体方案》（以下简称《总体方案》），重点推进服务业的扩大开放，为中国扩大开放和深化改革探索形成可复制、可推广的新思路和新途径，更好地为全国服务。这是新形势下推进改革开放的重大举措，为全国性的改革变局带来巨大的示范效应，是上海转型发展的难得机遇，也是城市规划编制和管理创新的新挑战。

二、主要内容与结论

（一）政策研究

根据国务院《总体方案》，结合 2013 版负面清单及各部委相关政策，对自贸试验区成立初期 6 大领域 18 项扩大开放措施的空间影响范围进行分析（表 1），确定自贸试验区内、上海市域范围内以及不限范围内引导发展的产业。

通过对现状产业分析，结合自贸试验区先行先试制度创新引导发展的新增产业，初步确定适应自贸试验区的产业体系，并对各片区主导产业进行空间引导（空间布局详情见表 2，自贸区内产业导引见图 1）。

获奖情况
2015 年度全国优秀城乡规划设计奖（城乡规划类）
二等奖

编制时间
2013 年 9 月—2014 年 9 月

编制人员
徐毅松、张玉鑫、沈果毅、朱丽芳、赵昀、许俭俭、张蓓蓉、姜姣龙、杨心丽、石崧、刘旭辉、宗敏丽、王周扬、朱伟刚、吕雄鹰、沈红、赵路、石婷婷、丁甲宇

表 1 《总体方案》6 大领域 18 项扩大开放措施的空间影响范围分类

空间范围	产业门类
试验区范围	银行服务，游戏机、游艺机销售及服务，娱乐场所
上海市域范围	工程设计，建筑服务，演出经纪
不限范围	专业健康医疗保险，融资租赁，远洋货物运输，国际船舶管理，增值电信，律师服务，资信调查，旅行社，人才中介服务，投资管理，教育培训、职业技能培训，医疗服务

表2 政策、市场共同影响的上海自贸区新增产业空间布局的可能性

全境	周边地区	自贸区内
	服务于围栏区的配套生产性服务业	
金融服务（专业健康医疗保险、融资租赁等） 商贸服务（增值电信等） 专业服务（律师服务、资信调查、旅行社、人才中介服务、投资管理、工程设计，建筑服务等） 文化服务（演出经纪、文化金融、文化影视等） 社会服务（教育培训、置业技能培训等）	配套专业服务（律师服务、资信调查、旅行社、人才中介服务、投资管理等） 配套社会服务（教育培训等社会服务等） 服务于围栏区的配套生活性服务业	金融服务（跨境投融资等银行服务、离岸服务、融资租赁、保险服务等） 航运服务（远洋货物运输、国际船舶管理等） 商贸服务（游戏机、游艺机销售与服务） 文化服务（娱乐场所、文化展示交易等） 社会服务（享受税收优惠的医疗服务等）

图1 自贸区产业体系导引

（二）现状评估

上海自贸试验区依托外高桥、浦东机场及洋山的保税园区和保税物流园区（图2），是已发展相对成熟的海关监管区域，新增建设用地相对有限，各区仅有1平方公里的可建设用地；土地集约使用程度较低，有进一步提升空间的需求；产业发展已开始由单一的工业仓储用地向多元化复合土地使用转变；公共服务设施、公共绿地等方面均以工业物流园区标准进行配置，随着自贸试验区设立后服务产业转型需求的加快，现有的基础设施布局不能满足未来发展需求。

（三）规划目标

根据总体方案要求，规划外高桥片区打造成为以国际贸易服务、金融服务、专业服务功能为主，商业、商务、文化多元功能集成的国际贸易功能区。洋山片区打造成为具有全球竞争力的国际航运服务功能区。浦东机场片区打造成为具有全球竞争力和吸引力的国际航空服务和现代商贸功能区。

依据三大片区的空间布局结构，结合各地块的规划导向、

区位交通、建设基础，确定服务分区、综合分区及物流分区的空间分布与发展导向。其中服务分区的土地用途以公共设施用地为主，综合分区的土地用途以工业用地为主，物流分区的土地用途以仓储用地为主。

三、创新与特色

（一）促进土地复合利用，提高土地绩效

为应对有限的土地资源以及不断拓展的服务产业，集约高效、复合使用是自贸试验区转型发展的关键（图3）。

（二）探索弹性规划，应对市场不确定性

针对市场发展不确定性，通过规划编制和管理方法创新，在守住底线的基础上，发挥市场在资源配置中的作用，突出在空间布局、设施配置等方面的规划弹性，以适应产业转型的需求，增加规划实施的可操作性。

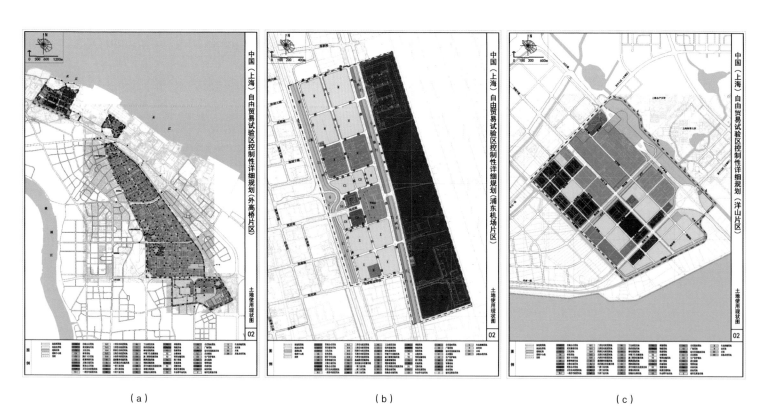

（a）　　　　　　　　　　　　　（b）　　　　　　　　　　　　　（c）

图2　（a）外高桥片区土地使用现状图
　　　（b）机场片区土地使用现状图
　　　（c）洋山（陆域）片区土地使用现状图

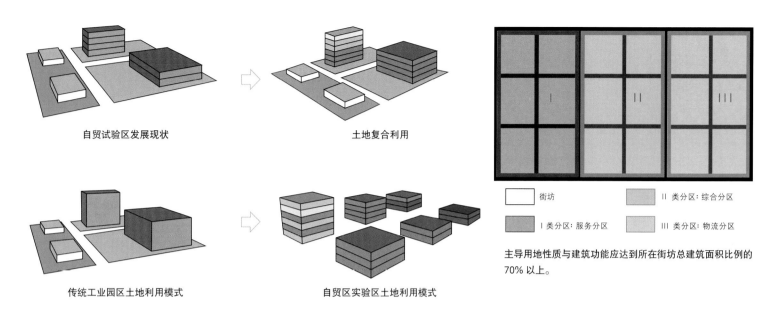

自贸试验区发展现状　　　　　　　土地复合利用

传统工业园区土地利用模式　　　　自贸区实验区土地利用模式

街坊

I 类分区：服务分区

II 类分区：综合分区

III 类分区：物流分区

主导用地性质与建筑功能应达到所在街坊总建筑面积比例的70% 以上。

图 3　复合利用示意图

（三）倡导以人为本，打造服务城区

针对现状公共设施缺乏、公共交通不足、绿地品质差等特点，规划以方便人的活动、满足人的需求、丰富人的生活、促进人的交流为出发点，统筹安排地区功能、设施布局、道路交通、环境景观。

（四）加强区域联动，形成发展动力核心

自贸试验区串联国家沿海大通道上的三大重要功能组团，与沪宁、沪杭轴线一同成为上海对外经济辐射的重要通道，其发展需要在上海乃至沿海经济带范围内进行统筹联动。

四、实施情况

中国（上海）自由贸易试验区结构规划已于 2014 年 9 月获市规土局批准，控详规划同步开展。

23 虹桥商务区规划

虹桥商务区位于上海市中心城西侧，沪宁、沪杭发展轴线的交汇处，结合虹桥综合交通枢纽布局设置。此次规划优化的重点内容是深化功能定位，用地布局反映方案征集中的城市设计理念，研究开发规模与总量结构，优化生态绿化空间，研究交通优化措施，并通过单元规划指标落地指导下阶段控详工作。

获奖情况
2013 年度上海市优秀城乡规划设计奖　三等奖
2012 年度上海市优秀工程咨询成果奖　二等奖

编制时间
2010 年 9 月—2011 年 8 月

编制人员
张玉鑫、苏功洲、林华、俞进、庄晴、彭晖、乐芸、
朱琳祎、陆勇峰、金敏、蔡明霞、訾海波、黄珏、
孙忆敏

一、规划背景

虹桥商务区是服务中国东部沿海地区和长江三角洲地区的大型综合交通枢纽，是上海实现"四个率先"、建设"四个中心"和现代化国际大都市的重要商务集聚区，是贯彻国家战略，促进上海服务全国、服务长江流域、服务长江三角洲地区的重要载体。

二、主要内容与结论

（一）规划理念

规划以"转型发展"为抓手，以"低碳生态"为理念，以"区域统筹"为核心，以"交通支撑"为先导，充分发挥虹桥交通枢纽的带动作用和中国博览会会展综合体项目的引领作用，将虹桥商务区建设成为新时期上海创新驱动、转型发展的示范区，建设成为土地利用综合集约、交通运行安全高效、产业发展更新转型、生态环境低碳优美的综合商务区。

虹桥商务区是当前发展方式转型较为迫切的地区。转型后的虹桥商务区将是上海现代服务业的集聚区，上海国际贸易中心建设的新平台，面向国内外企业总部和贸易机构的汇集地，服务长三角地区、服务长江流域、服务全国的高端商务中心。

（二）功能定位

主功能区（27.3 平方公里）核心功能是综合交通枢纽和现代商务贸易，形成面向长三角的商务中心，依托综合交通枢纽，发展会展、总部办公、商业贸易、现代商务等。

主功能区拓展区（59.3 平方公里）主要承担虹桥商务区的生活配套、交通保障、产业延伸和环境支撑功能，发展医疗、教育、居住研发、商务办公等，成为商务区功能的重要支撑。强化虹桥商务区的辐射、带动作用和品牌效应，加强周边区域功能、产业和基础设施的协调衔接，促进长宁、闵行、青浦、嘉定等区域功能提升。

（三）规划方案

在功能布局上，结合商务区的功能布局和配套要求，重点强化公共服务、居住和环境建设，形成"五片、三轴、两廊"的空间布局结构（图1）。

交通保障方面，主要规划内容包括：构建"四横三纵"高（快）速路；优化"五横四纵"主干路网络；构建"两纵三横"城市轨道网络；加强交通设施建设。除虹桥枢纽外，结合轨道线网在虹桥枢纽外围形成5个主要换乘枢纽，并结合外围轨道站点，设置"P+R"停车换乘设施。此外，还引入现代有轨电车、BRT等系统，以提升公共交通服务水平。生态环境方面，根据上一层级既有规划中提出的市域生态系统构建要求，以及虹桥商务区自身的环境要求，形成"一环、两廊、两园、九带"的绿化空间结构。

为了更好地指导下阶段控详，需将虹桥商务区的各项控制指标落实到单元规划中，并完成道路交通和市政设施的控制要素规划。

图1 空间结构规划图

三、创新与特色

（一）低碳规划

低碳生态规划设计体现在以下三个方面：一是混合土地使用模式；二是发展慢行交通与公共交通为主导的交通体系；三是加大城市支路网密度。

（二）综合城区

构建职住相对平衡的综合城区。虹桥商务区既是一个特定地区，同时也应将其看作是一个综合城区。在规划上强调土地混合使用，尽可能达到就业与居住平衡，以减少虹桥商务区与中心城的通勤交通。

（三）区域统筹

本规划重点解决三个层面的区域统筹问题。一是虹桥商务区与中心城和西部新城的关系；二是拓展区与主功能区的统筹协调；三是各行政区之间的统筹协调。

（四）交通支撑

秉承交通与土地利用的协调发展理念，以交通影响分析为技术手段，落实交通优化配置。特别是大型会展与枢纽对周边交通系统的影响，从道路系统规划、公交捷运系统、地区周边组织及货运轮候区、"P+R"停车场等方面落实交通配套。

（五）规划衔接

总体层面的规划对城市建设的指导作用必须通过控详规划才能得到真正意义上的实施。但从实践来看，往往存在总体规划与控详规划相互脱节，上位规划无法起到指导下位规划的情况。因此，本规划作为重点地区的规划试点，通过分单元明确指标和市政、道路等基础设施的控制要素落地两项工作，指导控详编制，实现规划衔接。

24 虹桥商务区机场东片区
控制性详细规划

虹桥商务区是上海"十二五"期间重点发展的区域之一，此次机场东片区规划设计工作在以往相关规划的基础上，对地区的功能细分、城市空间、景观环境、道路交通等系统进行研究，制定控制图则。为适应商务区建设发展需求，本次规划对功能业态、区域风貌及环境景观等进行城市设计研究，最终形成"普适图则＋附加图则"的成果体系。

一、规划背景

虹桥商务区的开发建设是上海市委、市政府立足全局、着眼未来的重大战略决策，目的是依托虹桥综合交通枢纽、国家大型会展项目等重大功能性项目，带动上海经济发展方式转型、促进城市空间布局调整、助推上海国际贸易中心建设，更好地服务于国家长三角一体化战略。

二、主要内容与结论

虹桥商务区位于上海市中心城西侧，城市发展东西主轴和长三角切线的交汇处，是城市西翼发展的重要依托，其在全市空间结构中具有极为重要的战略地位。本次规划范围为商务区机场东片区，面积约4.21平方公里，是商务区重要的组成部分（图1）。

规划东片区将紧密依托T1航站楼，目标建设成为上海乃至全国的"现代航空服务示范区"，使虹桥机场成为领航国际交流、集聚航空总部的最佳商务型城市机场。其核心功能为航空运输服务，采用复合社区的组织形式，强调功能上的混合多元。

东片区总体布局结构概括为"一核、一轴、一带、三区"，总面积4.21平方公里，其中，公共服务设施用地98.7公顷，均与航空服务保障相关，包括航空总部办公、会展博览、文化娱乐、星级酒店及配套商业等。规划地上总体开发规模为253.5万平方米（图2）。

为保障地区功能的实现，规划从强化对外联系通道、完善内部交通系统和提升航站楼交通配套三个方面构建高效便捷的道路交通系统。同时，通过安全可靠的雨污系统、环境良好的水体空间、通达快捷的信息沟通平台等共同构筑安全可靠的基础设施保障系统。

获奖情况
2015 年度全国优秀城乡规划设计奖（城乡规划类）
三等奖
2015 年度上海市优秀城乡规划设计奖（城市规划类）
一等奖
2014 年度上海市优秀工程咨询成果奖 三等奖

编制时间
2010 年 5 月—2013 年 10 月

编制人员
杨文耀、杨晰峰、孙珊、陆圆圆、孙忆敏、刘敏霞、范晓瑜、金敏、眚海波、蔡明霞

图 1 机场东片区区位示意图

图 2 机场东片区鸟瞰图

三、创新与特色

（一）突出有机更新的规划理念

本次规划充分考虑地区现状特点，划分更新单元，对每个单元进行整体规划设计，有计划、分步骤地进行城市更新。

（二）重视集体理性的规划过程

本次规划打破自上而下的传统规划模式，关注规划过程的集体理性，在利益多元化的条件下，建立共识的规划决策过程，构筑由社会、政府和企业共同组成的公众参与平台。

（三）强调灵活有效的实施机制

本次规划充分面向实施，在土地政策、统筹用地和指标控制等三个方面进行机制创新：①创新土地政策，提出通过补地价方式实施土地转性，以及根据规划调整开展土地置换，有效激发了驻场单位参与地区开发建设的积极性；②规划对部分功能及用地在商务区主体功能区范围内统筹布置，提出"东西联动"策略，为东片区改造启动提供了腾挪空间；③本次规划在确保地区发展目标的实现，确保前瞻性与引领性的同时，对相邻街坊内地块的用地性质、建筑量和用地范围进行有限度的弹性控制，提高规划效率，增强规划的可操作性和适应性（图 3）。

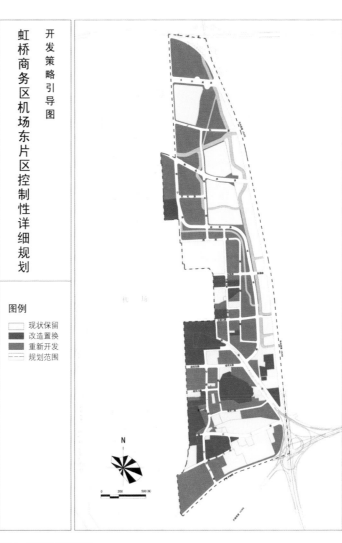

虹桥商务区机场东片区控制性详细规划

开发策略引导图

图例
☐ 现状保留
■ 改造置换
■ 重新开发
--- 规划范围

N

0 200 500米

图 3 开发策略引导图

25 虹桥商务区核心区（二期）区域供能管沟工程选线规划

虹桥商务区核心区是实现分布式供能系统全覆盖的先行区，供能系统的实施和使用为虹桥商务区建设成为上海市第一个低碳商务社区的规划目标奠定了坚实的基础。本规划作为供能系统规划和实施过程中的一个中间环节，在总结了一期供能系统不足的基础上，对系统工艺、供能管沟布局方式、供能负荷等方面进行研究，优化供能系统和建设方式，从而形成一个南北相连、多源互补、安全可靠的供能网络。

一、规划背景

为顺应国际发展低碳经济的大趋势，提升虹桥商务区能源利用效率，虹桥商务区核心区将建成分布式供能示范区，核心区内建筑的冷热空调将由供能中心提供。在《虹桥商务区（核心区一期）分布式供能中心专项规划》及《虹桥商务区（核心区）一期供能管沟定位规划》的基础上，根据《上海市虹桥商务区核心区南北片区控制性详细规划》中明确的将建设 3 座分布式供能中心，提供南北片区的用冷用热，并弥补核心区一期用地内供能的不足。规划对虹桥核心区南北片区范围内的供能管沟进行定位规划。

二、主要内容与结论

由于核心区一期供能系统设计时对核心区内用能需求预计不足，需要由核心区南片、北片（即二期）的供能系统进行补给，即二期供能系统在满足自身供能需求的基础上需在规模上进行一定的预留，并与核心区一期供能系统进行连通。因此，虹桥核心区范围内的供能系统将形成一个南北相连、多源互补、安全可靠的供能网络（图1）。

三、创新与特色

（一）注重研究，评估现行

由于区域性供能系统在上海较为罕见，缺少案例和经验的支撑，上海市城市规划设计研究院于 2012 年进行了虹桥商务区核心区（一期）供能系统评估工作，为本次规划积累经验。

获奖情况
2014 年度上海市优秀工程咨询成果奖　三等奖

编制时间
2013 年 2 月—2013 年 9 月

编制人员
金敏、应慧芳、赵路

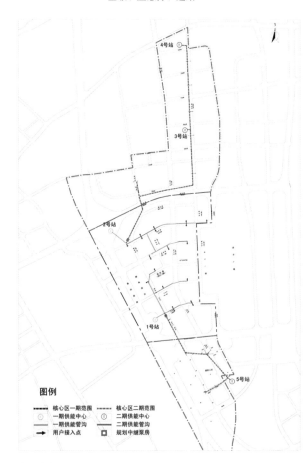

图 1　供能系统布局图

（二）实时跟踪，配合落实

规划实施过程中，进行了多次现场配合施工工作，并对管沟顶管井位置产生的管线搬迁，进行了虹桥商务区核心区（二期）供能管沟工程管线综合规划，对影响顶管井施工的现状管线进行临时搬迁和复位规划，使管沟能够顺利施工。

26 上海市徐汇滨江商务区
城市设计

获奖情况
2011 年度全国优秀城乡规划设计奖　二等奖
2011 年度上海市优秀城乡规划设计奖　一等奖
2011 年度上海市优秀工程咨询成果奖　三等奖
第四届上海市建筑学会建筑创作奖　优秀奖

编制时间
2008 年 3 月—2011 年 10 月

编制人员
王曙光、奚文沁、吴秋晴、黄轶伦、周雯君、林臻、
奚东帆、郭鉴、赵昀、朱婷、蔡明霞、周伊文

徐汇滨江商务区位于上海黄浦江南延伸段西岸，用地面积约 1.4 平方公里，其开发建设将成为徐汇"十二五"期间推动建设现代服务业集聚区的重要支撑和黄浦江南段功能重塑的关键。规划将徐汇滨江打造为以航空服务业为核心特色，以科技服务业、文化产业为发展方向，以金融、商贸、休闲娱乐、专业服务等产业为支撑的"文化科技商务区"，成为上海高端现代服务业集聚区之一。规划提出复合功能、立体交通、人文风貌、低碳宜人等城市设计理念，建设世博后黄浦江滨水区创新实践的示范区（图 1）。

一、规划背景

黄浦江两岸综合开发是上海市委、市政府在世纪之交做出的重大战略决策，是提高上海作为国际化大都市综合竞争力的一项世纪性工程。徐汇滨江是徐汇区内唯一可大规模、成片规划开发的区域，具有区位优越、腹地广阔、岸线绵长、滨水资源丰富等众多发展优势，其开发建设将成为徐汇"十二五"期间主动转变经济发展方式，实现跨越式可持续发展，推动建设现代服务业集聚区的重要支撑，也将成为上海市黄浦江南段功能重塑的关键（图 2）。

（a）

（b）

二、主要内容与结论

徐汇滨江商务区规划总用地 138 公顷，总建筑面积 195 万平方米，公共绿地率 26%。规划结合黄浦江两岸地区综合开发、龙华机场的功能调整，统筹完善城市公共活动中心体系，提高城市综合服务能力，加速发展现代服务业，提升地区价值。

（一）功能定位

将徐汇滨江打造为以航空服务业为核心特色，以科技服务业、文化产业为发展方向，以金融、商贸、休闲娱乐、专业服务等产业为支持的"文化科技商务区"，成为上海高端现代服务业集聚区之一，并聚焦四大产业，即总部经济及金融配套服务中心、航空服务业集群、科技创新创业服务中心、时尚文化创意中心。

（二）布局结构

规划形成"一带、双轴、三区"的布局结构，创造复合、活力、生态、休闲的滨江商务生活。其中，一带是指结合滨江上海水泥厂的改造，形成滨江公共绿化开放空间；双轴是指通过机场跑道改造，将航空历史遗迹与商务广场相融合，形成云锦路功能发展轴，同时，腹地与滨江联动，形成龙耀路功能辐射轴；三区是指地区形成 3 个功能复合的商务社区，在每个商务社区设计公共活动中心"城市客厅"，分别为航空记忆广场、航空展示广场、国际商贸广场。

图 1　（a）鸟瞰图，从黄浦江看向徐汇滨江商务中心
　　　　（b）鸟瞰图，从徐汇滨江商务中心看向黄浦江

图 2　区位图

（三）规划理念

1.商务生活与产业文化相结合

商务区规划设计延续地区的历史特征，通过实体保护、空间营造、产业文化植入等措施，建设具有文化内涵和空间特质的商务社区。

2.创造商务区宜人的空间尺度

规划提出高密度方格路网，并在交通管制上实行单向行驶，提高交通效率，加强慢行交通和空间的宜人性。同时，商务地块的设计以围合式布局为主，注重商务办公空间与商业街墙的结合设计，体现工作与生活的融合。

3.东西连贯、南北连接的公共活动通道

建立由云锦路通向滨江开放空间的商业廊道，提高滨江可达性，同时规划南北向云谣路商业街，连接商务板块，使地区的公共活动形成完整的网络。

4.低碳休闲的交通模式与滨江绿地结合

规划在滨江绿地内设置观光性有轨电车线。有轨电车站点平均间距约800~1 000米，结合公共活动区域设置，并考虑与公交站点的衔接。同时根据滨江绿地休闲娱乐的需要，在滨江绿地结合步行系统和景观系统设置南北向贯穿滨江的自行车休闲道，体现活力滨江、低碳滨江的理念。

5.水泥厂改造体现保护与利用的融合

滨江水泥厂改造尊重原有水泥厂的建筑历史和文脉、空间特点、结构体系等，同时将商业开发、旅游景点与文化传承综合考虑进远景规划，让工业历史建筑重新焕发活力，体现"商、旅、文"结合。

三、创新与特色

（一）建设商务大平台，人车分流、低碳慢行

规划设计了以高架平台串联地铁、滨江、重要的商务地块的城市公共活动平台系统，实现了商务区全天候人车分流和低碳慢行。

（二）地下车行环路有效缓解地面交通

规划设计地下环路，串联每个商务地块的地下车库，作为市政道路的补充。地下环路布置在市政道路下方地下二层，与地下一层的公共活动空间和谐共存，在设计上整体考虑，竖向结合，高效利用空间资源。

四、实施情况

目前，沿江的景观道路龙腾大道等重要的道路已建成，滨江绿地北段（龙华油库以北）已改造完成，初步形成了景观优美、人气集聚的滨江环境（图3）。徐汇滨江腹地建设将有序推进，商务区块与滨江公共开放空间将联动发展（图4），形成黄浦江南延伸段的重要开发亮点与城市新标志。

图3　龙华港桥和原海事瞭望

图4　滨江亲水平台

27 上海市南外滩滨水地区城市设计

南外滩滨水地区北邻外滩，南接世博会浦西园区，位于上海黄浦江沿岸核心区段，拥有丰厚的历史文化底蕴，在以金融为主导功能的前提下，规划以"和谐共生、复合渗透、宜居高效"为理念，重点聚焦历史文化传承、公共活动贯通、功能业态复合、生活配套完善等方面，旨在以此对城市历史滨水区的保护更新与功能塑造进行探索和实践。

一、规划背景

外滩是上海金融业的发源地，曾是世界公认的"远东金融中心"，有着深厚的金融历史文化底蕴和特有的综合服务氛围。为重塑外滩金融中心的地位，将外滩金融功能向南外滩地区延伸，与陆家嘴金融城共同构成上海"一城一带"的总体金融格局，两者错位互补，协同发展。

二、主要内容与结论

（一）现状特征

南外滩滨水区位于老外滩的南侧，由东门路—中山南路—王家码头路—南仓街—东江阴街—南浦大桥—黄浦江围合而成，总用地面积约 80 公顷，主要包括了东门路以南的滨水区和中山南路西侧的董家渡 13、15 街坊。基地拥有众多资源禀赋优势：位于外滩金融集聚带的南端，北邻老外滩地区，南接世博会地区，是黄浦江沿线最重要的核心滨水地区；拥有长达 2.6 公里的滨水岸线资源，且在沿江岸线上有着多处直接临水的开发地块；作为上海近代历史上重要的码头仓储和会馆文化集聚区。南外滩滨水区现在还拥有大量的历史文化遗存，包括垂直于滨江、密集分布的历史街巷，体现地区历史功能和文化特征的仓库、会馆、教堂等近代历史建筑。

（二）规划目标与功能定位

南外滩地区在功能上强调金融创新与金融服务，注重城市多元功能的复合，与外滩共同形成充满活力和吸引力的国际金融集聚区，与陆家嘴金融城错位互补（图 2）；在空间上强调高度开放与历史沿承，注重城市空间生活性塑造，将南外滩地区建设成为高品质、国际化、具有独特魅力的滨水金融区（图 1，图 5）。

规划结合南外滩滨水区的功能发展需求和自身独特的资源禀赋，构筑地区"2+4"的功能体系，以金融办公、金融服务为核心，完善商业服务、文化创意、旅游休闲和居住生活 4 类配套功能。

获奖情况
2015 年度全国优秀城乡规划设计奖（城乡规划类）
一等奖
2015 年度上海市优秀城乡规划设计奖（城市规划类）
二等奖

编制时间
2012 年 8 月—2013 年 7 月

编制人员
黄轶伦、奚文沁、陈敏、陈鹏、应慧芳、郑迪、潘茂林、訾海波、吴秋晴、张威、王梦亚、施燕

合作单位
上海大瀚建设设计有限公司
德国 GMP 国际建筑设计有限公司
上海市政工程设计研究总院（集团）有限公司

图 1 南外滩滨水区总平面图

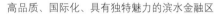

高品质、国际化、具有独特魅力的滨水金融区

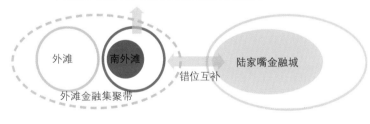

图 2 功能协同发展示意图

（三）规划策略

1. 保留历史街巷格局，彰显历史人文风貌

南外滩滨水区由于仓储功能和交通方式的需要，历史上形成了许多垂直于滨江的街巷空间，目前，整体鱼骨状路网基本格局仍然存在。规划充分利用城市道路、内部通道等形式保留垂直于滨江的鱼骨状历史弄巷，体现南外滩近代码头商贸特色。

2. 联动滨江腹地，构筑高度开放系统

规划充分利用开发地块滨水的优势，形成具有开放度和亲水性的滨江岸线，同时强化开放空间向腹地的渗透（图3，图4）。

3. 聚焦金融功能，营造立体复合空间

规划聚焦金融功能，注重居住、商业、文化、休闲及旅游等功能在平面上和立体上的复合。在滨江地带形成以公共活动功能为主的多元混合布局，在腹地则形成金融功能为主的立体复合业态布局。规划在三片重点开发地区实现地下空间整体开发，地上地下统一规划，打造立体城市，形成约63万平方米的地下空间，并规划中山南路地下通道，缝合地面空间，整合联系滨江与腹地的地下空间功能，构建地下人行交通网络。

4. 提升服务品质，引领高效有序生活

通过配套设施和综合交通服务能力的完善以及生态环境品质的提升，为国际金融人士提供便捷、高效、舒适、生态的居住环境，增强归属感，提升综合竞争力。

图 3　波浪形滨水岸线效果图

图 4　滨江与腹地渗透关系图

三、创新与特色

为确保建设世界级滨水区的目标，推进项目按规划实施，本次城市设计还创新性地研究了各项实施保障机制。

（一）土地出让机制

规划在 594、596 地块尝试采用"带规划设计方案、带功能使用要求、带基础设施条件"的方式进行土地出让，即提前对目标客户进行筛选，方案设计符合功能需求，满足基础设施和地下空间整体开发的需求，以保证金融功能落实，实现"最终使用者拿地"的目标。

（二）地下空间整体开发机制

规划通过探索地下空间公共化、统一化的权属管理模式，以及"政府主导、整体规划、先行建设、统一管理"的实施机制，实现南外滩地下空间的整体开发。

图 5　南外滩滨水区总体效果图

28 上海市黄浦江南延伸段前滩地区控制性详细规划及城市设计

获奖情况

2013 年度全国优秀城乡规划设计奖（城市规划类）
二等奖

2013 年度上海市优秀城乡规划设计奖　二等奖

2013 年度上海市优秀工程咨询成果奖　二等奖

编制时间

2011 年 12 月—2013 年 1 月

编制人员

徐毅松、郭鉴、张玉鑫、苏功洲、王嘉漉、奚文沁、
王曙光、李天华、奚东帆、林臻、陈鹏、邹钧文、
周雯君、卞硕尉、张威、易伟忠、张锦文

前滩地区定位为生态型、复合性城市社区。规划着力体现绿色、复合、立体的理念，倡导工作、居住、休闲、出行紧密结合的健康生活方式。通过具体的设计概念和规划措施，在方案中体现地区发展目标和愿景，落实总体设计理念。从城绿互融的整体结构、多元混合的功能业态、立体宜人的布局形式、便捷人性的慢行系统、丰富多样的开放空间体系、倡导绿色的道路交通系统等多个方面，全方位演绎面向未来的环境生态、功能复合的城市滨水社区，切实落实"以人为本"的规划初衷，实践"城市让生活更美好"的世博理念。

一、规划背景

前滩地区位于川杨河与中环线（华夏路）之间，世博会地区以南，总用地面积 2.83 平方公里，沿黄浦江岸线长度约为 2.3 公里（图 1）。地区中部已建成东方体育中心及配套的市政基础设施，建筑面积约 21 万平方米（图 2）。

前滩地区是上海近年来重点开发区域之一，对上海发展关系重大。按市委、市政府的要求，坚持高起点规划、高品质开发，坚持城市功能的高度融合。黄浦江南延伸段前滩地区控制性详细规划及城市设计结合地区区位条件、资源特色，从面向未来城市发展的规划理念入手，全方位演绎出环境生态型、功能复合性的城市核心滨水区，力图为上海重点地区的城市发展树立新标杆。

二、主要内容与结论

前滩地区是世博会及黄浦江南部滨江地区的重要组成部分，充分发挥东方体育中心和滨江生态空间的特点，构建生态型、综合性城市社区，重点发展总部商务、文化传媒、体育休闲等核心功能。发展商业购物、居住、酒店等辅助功能，以及休闲娱乐、教育培训、社区服务等配套功能，塑造工作、生活相互促进的整体氛围，提升城市活力（图 3）。

规划强化规划理念和实施操作的衔接，在功能业态上，引入文化传媒产业，围绕体育运动、总部商务等核心功能，形成综合功能城区；在总体规模上，结合交通影响评估分析，确定适当的建设规模和功能构成；在空间布局上，围绕轨道枢纽形成核心标志，确保绿地规模，充分发挥滨江生态环境优势；在道路交通上，增强对外交通能力，强化内部交通组织。注重街区生活性，采用高路网密度、小街坊尺度的布局模式（具体设计理念可见图 4~ 图 7）。

规划贯彻以人为本的思想，发挥独特的资源优势，突出自然健康、多样活力、集约高效的规划理念，倡导工作与生活、城市与自然、出行与休闲紧密结合、交融，提供多样性功能和空间体验。

图 1 前滩地区现状

图 2 东方体育中心

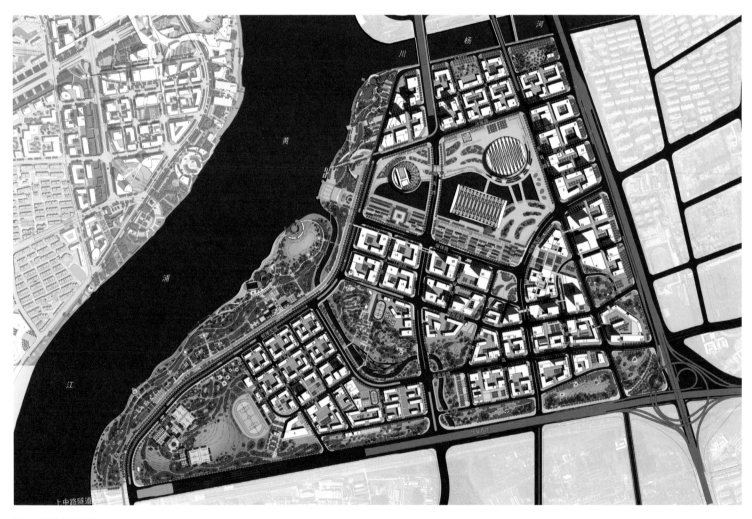

图 3 前滩总平面图

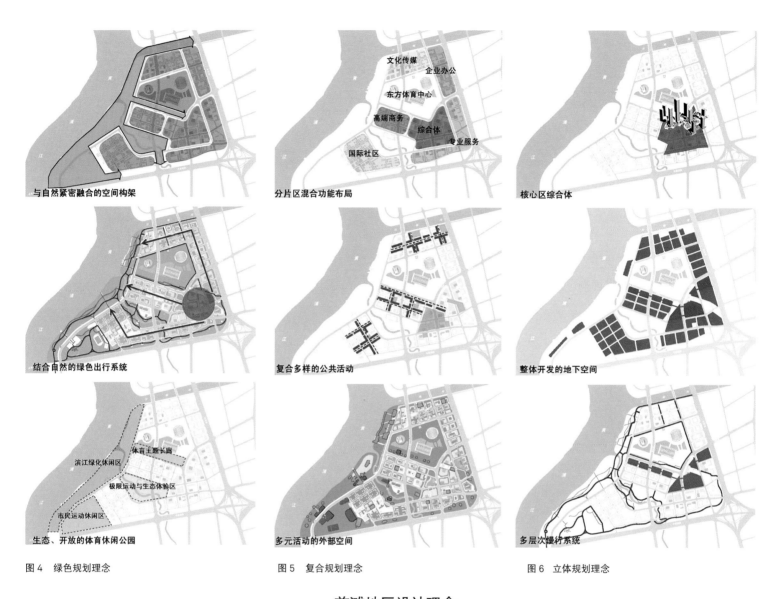

与自然紧密融合的空间构架 　　　分片区混合功能布局 　　　核心区综合体

文化传媒
企业办公
东方体育中心
高端商务
综合体
国际社区 　专业服务

结合自然的绿色出行系统 　　　复合多样的公共活动 　　　整体开发的地下空间

体育主题长廊
滨江绿化休闲区
极限运动与生态体验区
市民运动休闲区

生态、开放的体育休闲公园 　　　多元活动的外部空间 　　　多层次慢行系统

图4　绿色规划理念　　　　　　图5　复合规划理念　　　　　　图6　立体规划理念

前滩地区设计理念

绿色社区	复合社区	立体社区
创造健康、低碳的城市生活	**创造丰富、多样的城市生活**	**创造高效、便捷的城市生活**
☆形成自然与城市紧密融合的空间构架，使绿色环境与城市交织互融，充分发挥生态环境优势；	☆根据不同的区位，分片区混合功能布局，使工作、居住、交通、休闲紧密交融、相互促进；	☆围绕轨道交通枢纽，集约、紧凑开发，形成核心区，打造城市综合体；
☆建立公交引导的布局模式和绿色出行系统，使公共活动衔接更加紧密，增强地区吸引力；	☆结合便利通达的公共活动系统，组织商业购物、文化休闲等公共功能，为地区发展注入活力；	☆地下空间整体开发，强调地上、地下公共空间的衔接和地下公共空间相互连通；
☆结合体育中心，构筑生态、开放的体育休闲公园，倡导健康的生活方式。	☆创造多样的外部空间，注重空间生活性，组织多元丰富活动内容。	☆建立多层次、多路径、多体验的慢行系统。

图7　前滩地区设计理念

29 上海市黄浦江两岸地区规划实施评估

黄浦江两岸是上海城市的亮点，也是未来发展的重点地区。规划及实施评估主要针对从吴淞口至徐浦大桥的黄浦江两岸地区。按地区规划，研究范围内划分为中心段、南延伸段和北延伸段 3 个区段，共 34 个编制单元，涉及河道长度约 41 公里，总用地面积约 70 平方公里。评估内容主要包括对地区已编规划、城市设计内容的评估，对规划实施过程的评估以及对规划实施结果的评估。

一、研究背景

2002 年 1 月 10 日，上海市委、市政府决策对黄浦江两岸进行综合开发，旨在通过环境改造和功能重建，优化沿江空间资源、环境资源和历史文化资源配置，将两岸的生产型功能转换为服务型功能。《黄浦江两岸地区规划及实施评估报告》旨在加强规划实施的跟踪分析，客观评价规划确定的发展目标、规划措施落实情况，评价判断规划实施取得的成效和存在的问题及原因，提出进一步推动和完善规划实施的对策建议，为推动黄浦江两岸地区今后更好、更快地发展奠定基础。

二、主要内容与结论

黄浦江两岸地区规划实施评估，总结了 8 年来规划编制、规划管理和规划实施的历程，对规划目标、执行过程、绩效作用等方面进行系统客观的分析，通过对规划实施活动的总结和评价，确定两岸地区的预期规划目标是否达到、规划是否合理有效、规划的主要指标是否实现，通过分析评价找出实施较规划产生偏差的原因，总结经验教训，提出后续规划和实施的方向、重点和措施。

评估体系以总体规划提出的目标体系为基础，结合时代变化带来的略微调整，构建一个逻辑化、系统化的评价体系。由于五大分目标各自包含丰富的内涵，故在目标集内部进行进一步划分，形成若干子目标，用以详尽解释总目标，并各自衔接相应的绩效指标。从总目标到子目标再到绩效指标的过程就是从整体要求出发至全方位衡量具体表现的落实过程。

（一）建立综合功能区，激发滨水区活力

结合体现城市发展导向、综合活化利用、满足人们最基本的居住要求和提供高效的城市配套的要求，将其划分为"积极发展现代服务业""建立充满活力的滨水混合功能区""改善滨水区住宅环境""完善基础设施配套"共 4 个子目标。用产业和人才构成、功能配置结构、开发建设强度、住宅类型和配套水平，以及详细的市政设施

获奖情况
2012 年度上海市优秀工程咨询成果奖　一等奖
第九届上海市决策咨询研究成果奖　二等奖

编制时间
2009 年 8 月—2011 年 8 月

编制人员
苏功洲、王嘉漉、顾军、奚文沁、王明颖、奚东帆、王佳宁、王曙光、郑科、陈敏、张旻、郭鉴、徐丹、杨柳、钱欣、卢柯

覆盖程度等来分别落实各个子目标。

（二）让绿色重返浦江，让市民接触自然

因为生态和绿化是一个不可分割的统一体系，但又有各自独立的系统，用"形成绿色生态网络"和"复育滨水区生态环境"这两个子目标来代替描述。其绩效指标可细分到相互影响又可独立衡量的多个子项，包括绿地规模质量、生境条件、水和空气等的质量、环境污染程度等。

（三）改善可达性与亲水性，提高城市生活环境品质

出于吸引公众接近水体、便利公众到达水岸，以及保障亲水活动环境符合人性化及舒适的要求，提出"改善交通条件，提高滨水区可达性""丰富公共活动，增加滨水区吸引力"和"兼顾亲水、宜人与安全，提升滨水区环境品质"的子目标，用动、静态道路交通设施的规模和覆盖率、公共活动的内容和形式条件、功能布局以及滨水岸线宜人设计的综合特质等多样化的绩效指标进行详细考量。

（四）延续城市文脉，形成城市特色

从城市文脉的表现对象中提炼、把握不同性质和不同类别的关键要素，分别提出"保护和利用历史建筑，弘扬城市文化""振兴和维护历史地段，展现城市风貌"和"保留非物质要素，融入城市记忆"三个主要子目标，从保留保护规模与类型、改造利用力度与水平、历史价值的公共发挥、与现代城市环境的协调等方面具体衡量。

（五）创造独特景观，强化都市形象

就双向景观需求而言，从水体向腹地角度强调局部景观标志性和整体协调性，从腹地向水体和水体向水体的角度考虑开放视域，由此提出"形成标志性区域""控制沿江建筑高度"和"控制视线通廊"的子目标。绩效指标围绕地标建筑外貌、建筑群体高度序列和纵横向视线廊道组织展开。

三、创新与特色

研究进行了原有规划目标在新形势下适用性的评判分析，将子目标的实证评价绩效指标要素化，构建了一个系统化的评价体系。研究分别对总体规划设定的两岸开发五大分目标进行解析、评判，通过典型案例分析，总结规划实施的经验并提出相应的问题和建议。

评估研究开展的同时，项目组完成了《重塑浦江》一书的撰写，详尽归纳了浦江开发的各项规划和建设项目，总结和纪念浦江开发 8 年的成就。

30 闸北区地下空间总体规划及重点地区详细规划

本规划对闸北区地下空间开发利用的目标、规模、布局和开发导则，以及重点地区规划要求进行了详细规定，是指导闸北区地下空间设计、利用、开发与管理的基础性文件。该规划是全市较早按照统一规范编制的地下空间规划，并对地下空间规划体系构建以及控规层面的地下空间管理进行了重要探索。

一、规划背景

随着城市更新和基础设施建设的加速推进，地下空间开发已成为闸北区拓展功能发展空间、提升资源利用效率、改善城区环境与形象的重要途径。为了建立科学的地下空间规划和管理框架，保障地下空间科学有序发展，编制本规划（具体规划研究框架可见图1）。

二、主要内容与结论

（一）地下空间总体规划

对全区地下空间资源进行梳理与整合，并确定闸北区地下空间开发利用的总体规模。根据轨道交通网络和土地空间资源，结合现代服务业发展布局，形成"三轴、四区"的总体结构（图2）。最后明确地下公共空间（图3）、交通、市政、民防等专项系统布局及近期建设规划。

（二）地下空间开发导则

包括分层开发、区域开发、地下空间连通、地下民防工程平战结合、现有地下空间利用与再开发等各类地下空间的设计与建设要求。

（三）重点地区详细规划

详细规划选取若干重点建设地区编制规划方案，明确地下空间功能、开发深度、建设规模、分层布局、交通组织、空间衔

获奖情况
2013 年度上海市优秀工程咨询成果奖　二等奖

编制时间
2008 年 10 月—2012 年 5 月

编制人员
奚东帆、奚文沁、李俊、黄轶伦、张安峰、王雪明、
岑敏

合作单位
闸北区城市规划建筑设计室

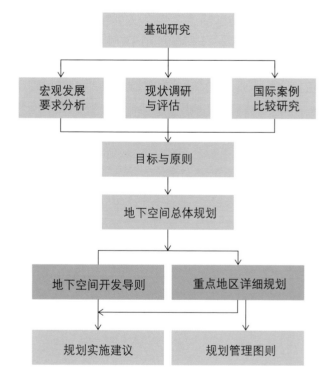

图1　规划研究框架

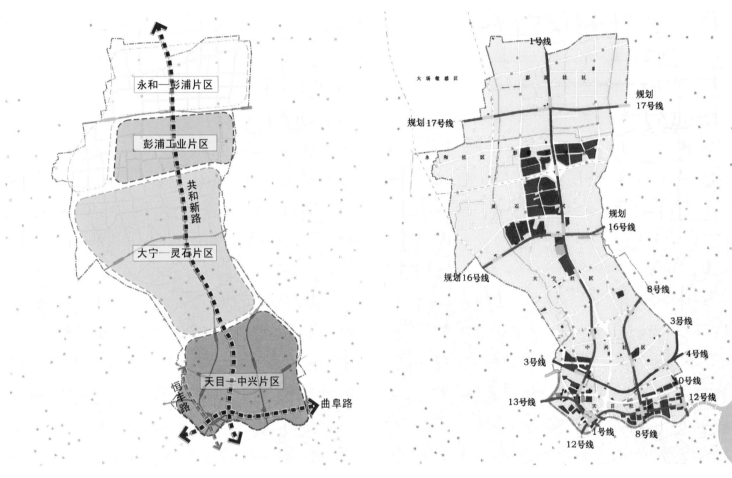

图 2　地下空间布局结构　　　　　　　　　　　　　　　　图 3　地下公共空间布局

接等各项内容。以详细规划方案为基础制定规划管理图则，包括重点地区规划控制图和开发地块规划管理图则。

三、实施情况

　　该规划是当年闸北区年度重点专项规划，于 2008 年 12 月 24 日通过专家评审。规划的各项要求在全区各专项系统规划，以及不夜城地区、苏河湾地区、大宁地区、市北地区等重点地区详细规划中，取得了良好的运用效果。

31 苏州河滨河地区规划设计导则

为了保持苏州河滨河地区的城市公共空间和环境景观的整体性与连续性，加强城市设计的系统性与针对性，编制《苏州河滨河地区规划设计导则》（以下简称《导则》）。《导则》对苏州河滨河地区的公共空间和景观环境提出系统性和通用性的设计要求，是落实控详规划，衔接城市设计、建设与管理的重要规范性文件。

一、研究背景

苏州河滨河地区是上海市最具特色的公共活动轴线和现代服务业集聚带之一，也是国内较早开展滨水地带综合改造的先行区。经过十余年的改造，滨河功能和环境建设已取得很大成绩。但原有以控规为核心的规划体系在公共空间设计和景观形象塑造方面研究深度不足，而各个区段在实施中编制的城市设计缺乏整体统筹和系统指引，无法满足地区发展要求。苏州河滨河地区是较为成熟的建成区，可开发土地较少、历史文化资源丰富，迫切需要通过精细化的设计和管理充分利用优势资源，率先实现向内涵型发展的转型。

二、主要内容与结论

《导则》收集和整理了大量国内外相关滨水区案例，通过案例分析和实证调研相结合，总结了各地区在滨水区设计控制中的成功经验；遵循宏观与中观相统一、控制与引导相结合的总体思路，围绕五大目标对苏州河滨河地区的规划设计提出引导要求。

（一）集约高效的功能开发

提倡灵活的用地控制方法，提高规划的适应性。实施严格的开发强度控制，避免过度开发，保护滨河公共景观资源。充分利用地下空间，加强空间连通和资源共享，最大限度地发挥土地潜能，优化地区环境。

（二）贯通活跃的滨河空间

以苏州河为主线，结合大型公共绿地和广场，开辟沿河贯通、纵向渗透的网络化空间廊道系统。保障沿河公共通道的连续、开放，对临河建筑和已建地块，通过建筑改造和特定的管理机制实现使用中的贯通。滨河道路贯彻步行优先原则，采用多种管理形式，弱化或取消车行交通，强化休闲观景功能。控制滨河街坊的尺度和出入口间距，结合步行路径布局服务设施，提升可达性。配合旅游功能开发，结合游船码头设置广

获奖情况
2011 年度上海市优秀工程咨询成果奖　三等奖

编制时间
2006 年 10 月—2010 年 12 月

编制人员
乐晓风、陈琳、凌莉、葛岩、胡颖蓓、郭鉴、王曙光

场及服务设施。

（三）特色鲜明的地区形象

加强历史建筑及其环境的保护，加强新建建筑色彩、材质及风格的引导，延续历史风貌和城市肌理。滨河地区严格执行内环内1：1，内外环间1：2的建筑高退比，并与最大高度控制相结合，构建起自苏州河向外由低至高阶梯状建筑高度布局，确保苏州河两岸适宜的景观空间尺度。

（四）以人为本的亲水场所

通过连续度和贴线率的控制，创造连续而富于节奏感的滨河建筑界面，改善公共活动体验，塑造步行优先且富有活力的公共空间。根据滨河空间尺度，以及道路、建筑、绿化、防汛墙的关系，合理选择滨水断面形式，塑造安全、舒适、优美的滨水环境。充分利用现状码头等设施建设亲水平台，突出亲水意向。街道家具和标识设置以使用者需求为本，设施设计体现地区功能与文化特征，强化空间的场所感。优化无障碍设施与通道设计，完善服务，提供安全与方便的空间，创造一个"平等、参与"的环境。

（五）复合多样的生态环境

严格控制滨河带形绿地最小宽度，以及块状绿地的最小面积和服务半径，保障生态空间规模。充分发挥自然生态区段建设条件优势，建设片林与湿地，倡导绿色设计，鼓励功能设施与自然环境融合，在中心城开辟一片充满野趣的滨水生态空间。植物配置强调乔灌花草相结合，陆生水生相协调，营造多种类、多结构、多功能的复合型植物生态群落。

三、创新与特色

（一）在国内滨水区规划领域中具有创新性和示范性

《导则》在制定过程中，深入研究借鉴了波特兰、芝加哥等城市的经验，并对苏州河地区的规划和实践进行总结评估，形成适应上海规划管理要求，体现城市发展趋势的设计导则。在国内滨水区开发的同类研究中，起步较早，理念先进，实施性强，具有重要的示范意义。

（二）《导则》是完善规划管理体制的新探索

《导则》以规范性文件的形式使城市设计获得法律效力，有效协调和统筹沿线7个行政区以及众多建设项目，是保障设计和建设的系统性，实现精细化管理的重要制度探索。

（三）拓展了城市设计的广度和深度

《导则》以控规为基础，由宏观控制向中微观的引导延伸。宏观层面主要研究地区发展的系统性问题，提出整体协调的引导要求；中观层面则强调对具体要素的个性特征，以及在不同区段内的特色引导；微观层面，根据滨水区的特征，加强了对防汛墙、滨水断面、桥梁等要素的管理，并深化了对建筑风格、城市家具、植物配置等要素的引导，从而强化了规划管理与建筑、环境设计以及开发实施的有效衔接。

（四）应用了多项创新性的控制方法

根据苏州河沿岸建筑与空间特征，引入高退比、连续度、贴线率等空间控制指标，取得了较好的效果。如今，这些指标已被系统地应用于控制性详细规划附加图则，从而推广至全市滨水区的规划管理之中。

四、应用情况

《导则》已由市规土局发布，作为苏州河滨河地区规划管理的重要依据。在《导则》的指导下，先后开展了苏河湾地区、临空经济园区等重点地区城市设计，以及水上旅游等专项规划。目前已实施外滩源、长风生态城等地区建设，以及沿线防汛墙、桥梁改造。《导则》的应用有效地强化了苏州河沿线景观、风貌的整体性，并为苏州河整治三期工程提供了重要的技术支撑。

32 上海国际旅游度假区核心区控制性详细规划

上海国际旅游度假区核心区规划范围 7 平方公里，一期建设范围 3.9 平方公里。规划本着保障核心区内优美环境、保障游客出行便捷、保障公共交通优先、保障集约用地的原则，对核心区的土地使用、功能结构、高度控制、景观分区、岸线控制、综合交通、市政设施、公共服务设施、近期建设等内容进行了系统规划，为下阶段的项目建设提供了规划依据。

获奖情况
2013 年度全国优秀城乡规划设计奖（城市规划类）
二等奖
2013 年度上海市优秀城乡规划设计奖　一等奖
2011 年度上海市优秀工程咨询成果奖　二等奖

编制时间
2009 年 2 月—2011 年 4 月

编制人员
俞斯佳、韦冬、蔡超、许菁芸、易伟忠、沈红、胡志晖、王征、胡莉莉、忻隽、杨英姿

一、规划背景

为保障迪士尼项目的实施，实现集约用地、节约资源、可持续发展的建设目标，明确上海国际旅游度假区核心区主要技术依据和控制要求，统筹核心区的合理开发建设，提供核心区建造的规划设计条件，提供项目实施和管理的依据，编制了上海国际旅游度假区核心区控制性详细规划。

二、主要内容与结论

（一）规划方案

核心区范围约 7 平方公里，其中，一期建设范围为 3.9 平方公里。核心区内的规划结构主要以一个中心湖泊为核心，以一条园区环路 + 五条入口道路为骨架，以四周围场河为边界，组织联系各个功能组团（详细用地规划见图 1）。

根据核心区内用地性质，大致可以将核心区划分为四大类功能组团（图 2）：①游乐组团，按乐园的开发时序形成三个组团；②酒店组团，根据各旅馆在核心区内位置的不同，酒店组团可分为湖滨酒店区与河畔酒店区；③入口组团，结合一主两次三个出入口，分别形成西、南、东 3 个入口区；④发展备用组团，包括一期发展备用区和二期发展备用区。

（二）综合交通

1. 交通流量

近期流量预估：年客流总量 2 300 万人次，参考日客流量 9.6 万人次，高峰日客流量 12.9 万人次。远期流量预估：2020 年以后，全部三个主题乐园及相关设施建成运营，年客流总量 5 100 万人次，参考日客流量 21.5 万人次，高峰日客流量 29.1 万人次。

2. 客流来源及分布

包括上海市民、长三角地区游客、长三角以外地区游客和境外游客，80% 以上的客流将来源于项目的西北方向。

3. 地面客流来源分布

西及西北来向车辆约占 70 %，南及西南来向车辆约占 18 %，东及东北来向车辆约占 12%。因此，西入口将成为项目主要入口，南入口和东入口作为次要入口。

4. 交通方式

采用以轨道交通、公交专线并重的交通方案，同时考虑私家车、旅游巴士、出租车，并且在远期逐步提高公共交通比例（轨道交通由 45% 提高至 50%，公交专线由 15% 提高至 18%），实现公交优先。

5. 园区入口道路

根据交通预测和周边路网交通分析，规划对核心区三个主次入口的车道规模和内部公共交通设施配套也提出了初步的建议，作为下阶段园区内部详细规划的重要参考依据。

（三）轨道交通规划

1. 轨道客流分析

通过对项目的轨道交通抵达高峰小时与城市轨道网络客流断面的叠加，规划认为，近期可以通过 1 条轨道交通线路进行疏解，远期需 2 条轨道交通线引入园区。

2. 线路选择

根据对城市轨道网络的研究，规划选择轨道交通 11 号线自罗山路引出，作为近期建设的线路，远

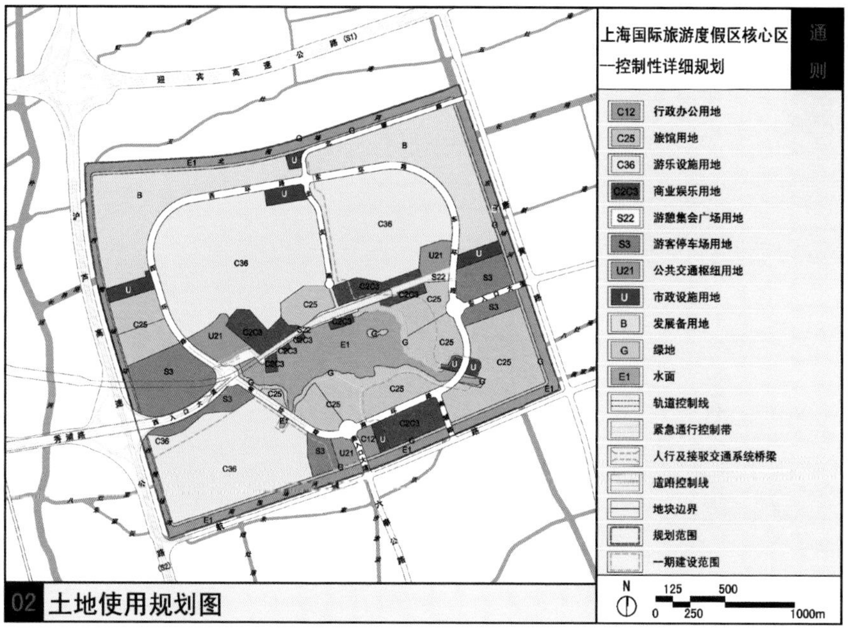

图 1　土地使用规划图

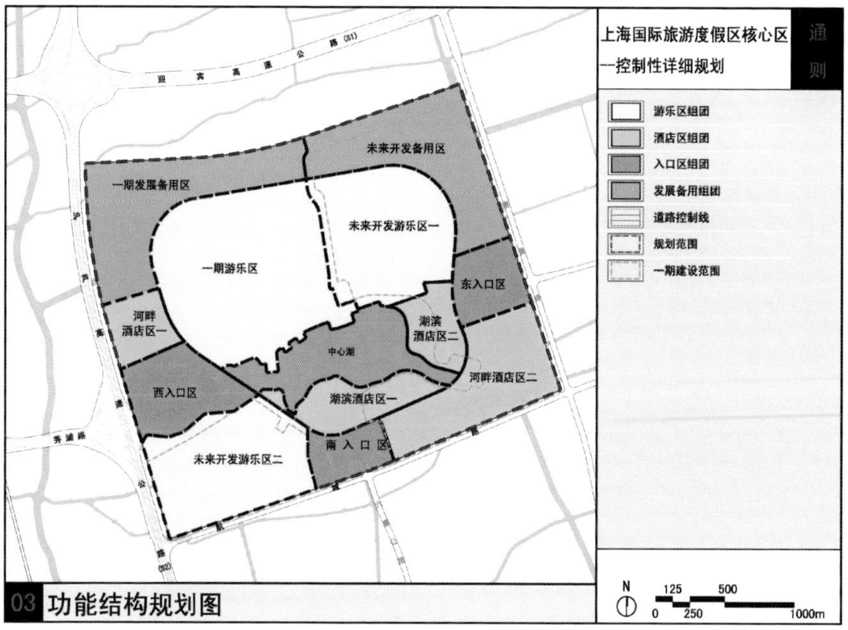

图 2　功能结构规划图

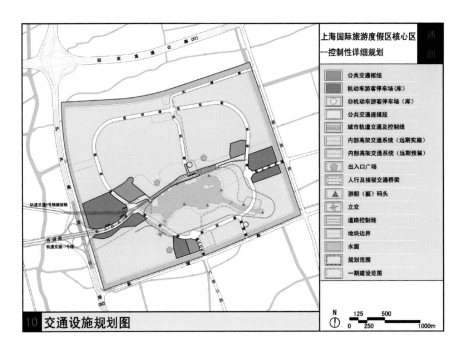

图3 交通设施规划图

期建设轨道交通 2 号线的接驳线，并提出了两种接驳线方案，分别从罗山路和广兰路引出。

3. 轨道交通车站

轨道交通 11 号线自罗山路站引出后至核心区内共设 3 座车站，2 号线接驳线两个方案中均设站 8 座。11 号线与 2 号线在核心区中部设一座共用车站（详细交通设施规划见图 3）。

（四）公共配套设施

包括管理服务设施、经营性设施和运营设施。设置原则是为游客提供便捷舒适的服务，保证核心区的正常运营，注重经济集约。

（五）一期建设规划

一期建设范围内总建设量约为 81.38 万平方米，其中旅馆建筑量约 28.96 万平方米，商业零售娱乐建筑量约 7.91 万平方米，乐园建筑量约为 40 万平方米，办公建筑量约为 4.52 万平方米。一期建设主要内容包括：1 个主题乐园、3 个旅馆、1 个办公管理中心、若干处零售餐饮娱乐设施等。

三、创新与特色

本规划创新特色有三：①在项目总体规划的层面，即通过合理划分控制区域，来确定不同建设要求；②构筑公交优先的复合交通体系，针对项目大客流的出行特点，规划提倡公交优先，尤其应提高大运量轨道交通出行比例；③集约发展，多种手段综合利用资源，一是本着节约土地的原则，市政基础设施在满足其功能的情况下尽可能与其他公建设施参建设置；二是本着节约用水理念，针对项目需求特殊性，提出采用分质供水系统。

四、实施情况

迪士尼小镇于 2016 年 2 月建成开放，迪士尼乐园于 2016 年 6 月 16 日建成开园。

33 上海国际旅游度假区核心区市政基础设施综合规划

获奖情况
2012 年度上海市优秀工程咨询成果奖　三等奖

编制时间
2009 年 11 月—2011 年 9 月

编制人员
沈红、王征

上海国际旅游度假区核心区是上海发展为国际化都市的一个重要标志，将会被建成一个富有活力、景观优美、交通便捷、服务多样化的主题乐园区。市政基础设施是维持其正常运转的重要基础条件。为更好地确保核心区市政基础设施的建设，开展了市政综合规划。规划从分析研究系统设施的建设和运行的实际细节着手，客观地处理各条块的利益诉求，在平衡各系统之间以及专业系统和核心区发展目标之间的关系方面有着独特的桥梁作用。

一、规划背景

为了配合上海国际旅游度假区核心区的建设，使其市政基础设施的建设、运行及管理能够更好地服务于度假区，上海市城市规划设计研究院结合《上海国际旅游度假区核心区控制性详细规划》的编制工作，统筹协调各市政专业系统的发展诉求，开展《上海国际旅游度假区核心区市政基础设施综合规划》工作，规划对象包括给水系统、污水系统、雨水系统、电力系统、燃气系统、通信系统、邮政系统、环卫系统和防灾系统。

二、主要内容与结论

（一）总体规划方案

本着节约土地的原则，市政基础设施在满足其功能的情况下尽可能地与其他公建设施参建设置，同时考虑到减少市政基础设施对周边环境的影响，核心区内通信和邮政设施以参建形式设置，并在区域内设置 6 处公共事业场以集中布置可相容的市政设施（图 1）。核心区内共规划有给水设施 1 处、污水设施 1 处、雨水设施 4 处、电力设施 22 处、通信设施 18 处、邮政设施 3 处、消防设施 1 处、环卫设施 3 处、中水设施 2 处。

（二）市政系统规划方案

1. 给水系统

核心区供水具有时变化系数大，消防要求高，对供水安全可靠性要求高的特点，规划在一期主题乐园北侧的公用事业场二内设水库泵站 1 座（内含地下水采灌井、给水工区等设施）。核心区供水管网系统将结合控详规划，构建环状供水管网，保障供水安全。

2. 污水系统

核心区排水采用完全分流制排水体制。另外，为提高核心区污水外排安全性，规划拟在核心区北辅路规划敷设一路污水管，作为核心区污水备用出路，向东与唐黄路污水泵站进站污水管连通。

3. 雨水系统

核心区基本采用强排模式排水，暴雨重现期按1~5年考虑。结合整个园区的用地布置、水网结构、下垫面特性和高程情况等，将核心区划分成4个相对独立的泄水分区，并根据核心区泄水分区分布情况，规划沿围场河分别设4座雨水泵站。

4. 电力系统

核心区上级电源主要来自申江220KV变电站和机场220KV变电站。核心区内变电站分为电业站和用户站2类，按照电力负荷预测结果，核心区内设110（35）KV电业变电站1座、35KV用户站14座、35KV用户开关站3座、10KV电业开关站4座。

5. 燃气系统

核心区天然气接自浦东新区南片0.4MPa中压天然气管网，通过园区西入口大道、南入口大道、东入口大道分三路接入园区。

核心区的输配气管网压力级制将采用次中压一级制管网系统，并成网环通，天然气用户根据各自的用气要求分别设置调压器。

6. 通信系统

按照信息集约化建设原则，核心区通信设施均为多运营商、多系统共享使用。规划新建综合通信机房2座、综合性移动通信基站15处，并根据无线电管理部门的要求，需在核心区内建筑制高点设置无线电监测站一处。

7. 邮政系统

考虑到邮政服务的类别和特点，规划结合零售餐饮娱乐设施设置邮政所1处，在办公管理用地内设置邮政服务站1处；另在核心区出入口附近及零售餐饮娱乐设施地块内设置若干具有特色的邮筒和报刊亭。

8. 环卫系统

根据核心区内公共事业场布局，拟设置环卫设施3处，包括垃圾转运站、环卫作息场所、环卫停车场、管理用房和分类存储场等设施。

9. 防灾系统

按接警后5分钟到达责任区边缘的原则及考虑到该核心区的重要性，核心区内设置特勤消防站一座；按照"长期准备、平战结合、重点建设"的方针，结合规划区内永久性建筑以及地下空间的集约化开发设置民防设施，远期地下民防设施面积约为5.5万~8.2万平方米。

核心区内利用室外公共活动场所和绿地等设置应急避难场所，利用游艺设施和场馆附近的开放地带、广场等建立疏散等候地、临时疏散地、疏散地和疏散中心。

三、创新与特色

本规划配合旅游度假区核心区控制性详细规划同步编制，为核心区控详规划提供了有力的技术支撑，客观地处理各条块的利益诉求，经过综合平衡后加以采纳，充分体现个体和整体、近期和长远的协调。

本着集约、节约使用土地的原则，规划在满足市政基础设施功能的情况下，同时考虑减少市政基础设施对周边环境的影响，尽可能将市政基础设施结合设置。

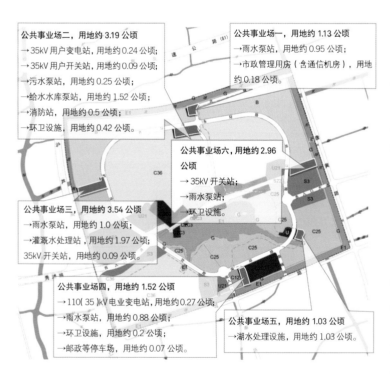

图1 市政基础设施站点布局示意图

34 上海国际航运中心货运集疏运系统集成优化研究

获奖情况
2012 年度全国优秀工程咨询成果奖　二等奖
2011 年上海市优秀工程咨询成果奖　一等奖
第八届上海市决策咨询研究成果奖　三等奖

编制时间
2009 年 3 月—2011 年 3 月

编制人员
张雁、董洁霜、周翔、许俭俭、夏晓梅、谢靖怡、李广钊、范炳全、朱春节、胡莉莉

研究明确以具有重要战略地位的上海国际航运中心为研究对象，针对以上海港为核心的上海国际航运中心货运集疏运系统进行开拓性的深入研究，在建立基于广义费用最小化的港口集疏运集成网络优化模型基础上，对上海国际航运中心及其货运集疏运系统进行集成优化，并在理论和模型应用上实现创新。

一、研究背景

为落实区域统筹，推动长三角地区联动发展，促进全面可持续创新型发展的指导思想，满足上海国际航运中心的实际发展需要，研究对港口资源、经济腹地及其集疏运网络进行深入分析，建立以长三角地区产业发展与空间布局为依据、综合运输系统最优为目标，基于广义费用最小化的港口集疏运综合平衡模型。研究亦结合上海城市总体产业布局，提出适合上海国际航运中心发展的战略和策略。

二、主要内容与结论

（一）技术路线

在对上海市乃至长三角区域港口、空间和产业布局以及货运交通系统的基本分析基础上，对上海国际航运中心港口资源、经济腹地及集疏运网络进行深入分析，建立以长三角地区的产业发展与空间布局为依据、综合运输系统最优为目标，基于广义费用最小化的多货种、多模式港口集疏运网络综合平衡优化模型。在此基础上，结合长三角城市产业布局，提出适合上海国际航运中心发展的战略和策略，用以指导其集疏运系统的设施布局规划，并为上海货运系统的整体规划发展提供科学依据（本研究技术路线图见图 1）。

（二）研究内容

1. 上海国际航运中心港口货源分析

1）港口经济腹地及其产业布局系统分析：在上海国际航运中心主要港口布局分析的基础上，研究主要港口与长三角乃至长江流域地区等腹地的综合关联度，分析经济腹地范围及产业布局与发展趋势。

2）港口货源生成与扩展机制分析：在对上海国际航运中心的腹地经济及其产业布局系统分析的基础上，深入港口货源的生成与扩展机制，进行集疏运需求分析与预测。

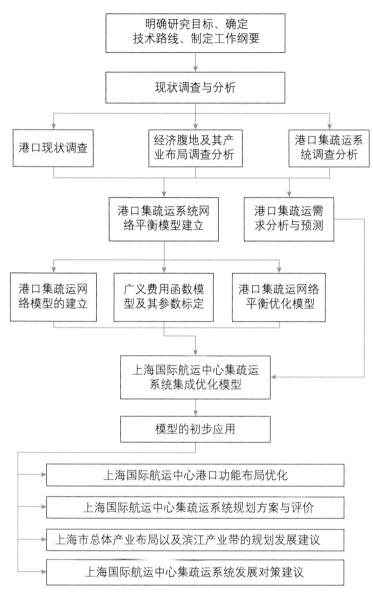

图1 技术路线图

2.上海国际航运中心集疏运系统集成优化建模

1）以上海港为核心的上海国际航运中心港口集疏运网络模型的建立：对港口集疏运系统进行物理描述，定义节点、路段和网络，并运用节点扩展的方法对转运枢纽进行描述与定义。在此基础上，建立主要港口腹地范围内的公路、铁路、内河、海运等多方式及其转运枢纽的港口集疏运网络模型，重点是上海市域及其对外运输网络模型。

2）港口集疏运广义费用函数模型及其参数标定：分析港口货物运输使用广义费用的必要性，确定广义费用函数中的各项指标及选择依据，研究反映公路、铁路和水路不同特性的路段及转运点费用函数，标定广义费用函数各指标的权重因子及其他系数。

3）基于广义费用最小化的港口集疏运网络平衡优化模型的建立：分析上海国际航运中心的港口集疏运系统作为区域货运子系统的特性，以系统最优为目标，广义费用函数为基础，构建多方式多货种的港口集疏运网络的平衡优化模型。

3.模型的初步应用与规划方案建议

1）上海国际航运中心主要港区功能布局优化设想（图2）。

2）上海国际航运中心集疏运系统规划方案与评价，包括分方式集疏运通道和转运枢纽、港区直通联络通道以及重要集疏运设施的建设安排（图3）。

3）上海市产业布局及滨江产业带的规划建议。

4）上海国际航运中心港口及其集疏运系统发展对策。

（三）研究结论与建议

上海国际航运中心内部将由单核向多核化发展，呈现以区域港口资源服务腹地经济的趋势，2020年上海国际航运中心主要

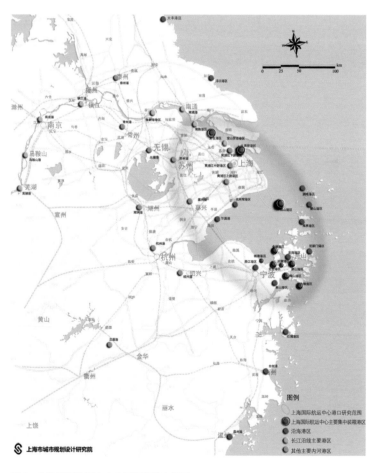

图2 上海国际航运中心主要枢纽港布局图

港口的集装箱吞吐总量将达到 8 530 万个标准箱（TEU），增量主要在宁波—舟山港和苏州港。

研究提出加快港口及其集疏运系统建设步伐，完善公路集疏运系统与大力发展水铁集疏运并举，以区域统筹与系统协调的建设思路发展水铁集疏运系统的近期建设思路。

上海国际航运中心必须以区域资源优势迎接挑战。建议上海按国家战略要求，积极整合长三角港口资源，形成高效有序、主辅协作的区域化港口群，集装箱吞吐量处于世界领先水平，国际以及长江内河、近洋集装箱中转比重达到 50% 以上。2011—2015 年将处于跨越发展期，而 2015—2020 年将进入效能升级期。

三、创新与特色

本研究有两大创新特色：①首次创新性地对上海国际航运中心的集疏运网络开展了综合性和集成化的建模研究，并结合实际进行优化完善，使之符合上海国际航运中心集疏运的实际情况和分析研究要求，可作为港口、集疏运系统等后续相关规划研究的重要工具；②开创性地采用定量定性相结合的方法对城市产业发展、综合交通系统、区域货运系统开展关联分析。

四、应用情况

该研究成果已应用于《上海港航运系统规划》《上海国际航运中心集疏运系统规划》《外高桥港区整合规划研究》等相关规划中，并对"十二五"期间的设施建设起到了指导作用。

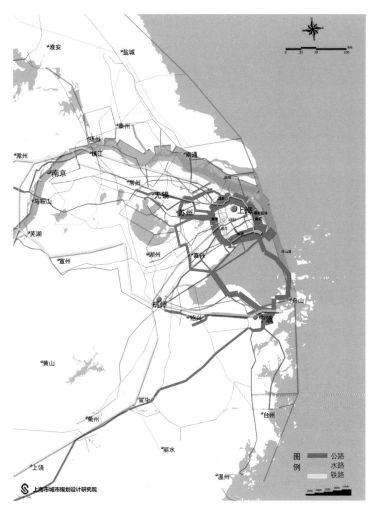

图 3　上海国际航运中心 2020 年集疏运量分布图

35 上海市桃浦低碳生态城
控制性详细规划

规划明确了桃浦工业区作为一个老化工区进行"创新驱动、转型发展"的核心问题，通过创新的工作流程和方法，重点研究了项目的发展策略、功能定位、功能布局、道路交通和低碳生态等方面。规划研究理念创新、方法先进，并与发展策划、城市设计、环评、交评等相关规划紧密衔接，具有较强的创新性和可操作性，为地区发展提供了正确导向。

一、规划背景

桃浦工业区是建国初期建设的老工业区，历经四十多年的发展形成了以医药、化工和物流产业为主的工业区。《上海桃浦工业区控制性详细规划》于 2005 年 1 月由原上海市城市规划管理局审批通过。2004 年至今，规划的背景和实施环境发生了较大的变化，规划本身的法律法规支撑体系和技术体系也发生了较大的改变。原控规已不能指导该地区的实际开发需求，亟待进行修编和完善。

二、主要内容与结论

规划紧扣"创新驱动、转型发展"主题，致力于解决污染、发展和低碳生态的问题，使桃浦工业区实现"生产性服务业和高新技术产业集聚、配套功能完善、环保低碳、宜业宜居的综合性城区"的发展目标。

（一）功能结构

规划形成"一心一轴，两带五区"的功能结构：一心，位于规划区西南部的中央商务综合体核心，是规划区和西普陀乃至上海西北部的商业、金融、会议会务、信息等生产型服务业的服务中心；一轴，指南起武山路、北到韩塔园，穿过核心区的中央商务休闲轴；两带，指规划结合东西向的绿带河和南北向的李家浜形成的两条滨水休闲带；五区，规划形成的五个不同功能片区（图1，图2）。

（二）低碳生态规划

为满足区域的低碳生态目标，规划提出了环保要求、整体环境保护策略、生态建设基本要求和低碳生态引导，并在此基础上制定了该地区今后的低碳生态控制指标，也明确了约束性指标、参考性指标和操作的机制，实现控制性详细规划对于低碳生态目标的可控性和可操作性。

获奖情况
2012 年度上海市优秀工程咨询成果奖　三等奖

编制时间
2009 年 6 月—2011 年 12 月

编制人员
张彬、熊鲁霞、庄晴、陆晓蔚、乐芸、朗益顺、金蓓、訾海波、翁维霞、张锦文

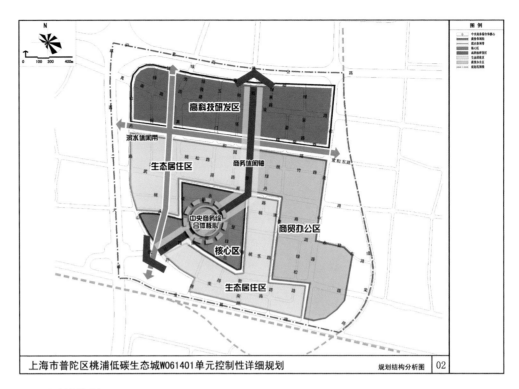

图 1　规划结构分析图

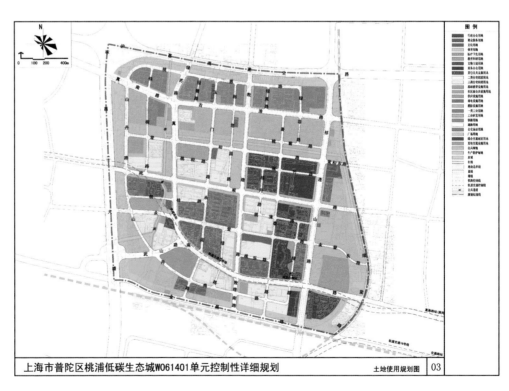

图 2　土地使用规划图

36 乌鲁木齐市中心城北分区
分区规划

乌鲁木齐中心城北分区作为未来城市发展的重点，区域内有机场、铁路、工业区、生态敏感区等众多元素。本次分区规划将在总体规划的基础上，以问题导向型研究为基础，重点聚焦发展目标与模式研究、规划编制体系梳理、功能与产业定位引导、用地空间布局落位、人口与就业预测、公共服务设施布局、综合交通研究分析、城市设计引导、生态环境保护、城中村改造模式、分期建设步骤等方面。

一、规划背景

为适应新的城市发展需求，新一轮乌鲁木齐市城市总体规划提出了"南控、北扩、西延、东进"的空间发展策略，全面加快高铁、会展片区、城北新区和甘泉堡工业区等区域的建设，使新区成为拉动城市建设和产业发展的新引擎。

二、主要内容与结论

（一）发展目标与发展模式

规划将重点发展"一核一轴、两条走廊、三个集群、四大片区、五类目标"。规划采用不同发展模式，主要包括学研带动的经济导向型、空港带动的交通导向型和旧城更新带动的公共导向型发展模式（图1）。

获奖情况
2013年上海对口援建新疆其他地区（总规类） 优秀奖

编制时间
2011年8月—2012年12月

编制人员
黄轶伦、王林、王嘉瀌、刘坚、郎益顺、徐国强、张威、马彪、訾海波、张锦文、李红丽、王明颖、王佳宁、郑轶楠、郑迪、卜硕尉、王梦亚、王威、潘茂林

合作单位
乌鲁木齐市城市规划设计研究院

一核一轴	两条走廊	三个集群	四大片区	五类目标
城市副中心 城市发展轴	东西生态控制走廊 南北绿色公共走廊	高新技术集群 商贸物流集群 教育研发集群	城南商贸片区 城北新城片区 高新产业片区 临空综合片区	新疆城市示范区 宜居城市模范区 低碳生活先行区 乌北商务核心区 科技创新前沿区

图1 发展目标

（二）功能定位与产业发展

规划通过多次筛选法，确定北分区重点发展以创新型、战略型、服务型产业为主。主要包括依托产业集聚配套关联的高新技术产业、依托空港口岸临空经济发展的商贸物流业，为产业配套提升提供保障的生产性服务业。

（三）规划方案

规划采用集约紧凑的组团式布局模式，构建"一核、一轴、两廊、四片区"的总体布局结构。北分区总开发规模约7 865万平方米。规划对北分区进行综合分析后提出严格的空间管制分区。确立公交主导的交通模式，优化交通结构。规划北分区内的公共服务设施按照"四级两类＋专业中心"方式配置。规划提出"田园城市、活力宜居"的整体城市意象，空间上形成"一核一轴、两廊四片，城绿交织、点轴布局"的布局结构（图2）。

三、实施情况

《乌鲁木齐市中心城北分区分区规划》于2012年12月12日通过批复。

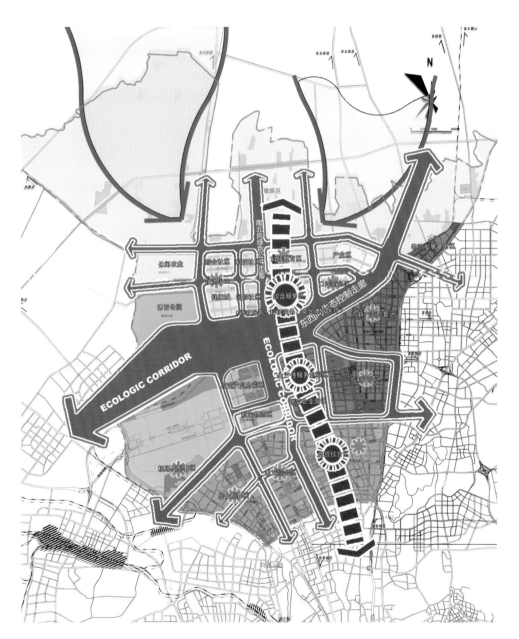

图2　总体布局结构图

37 乌鲁木齐市高铁片区城市设计

规划从地区功能定位和策划入手，以面向全市的综合交通规划为支撑，形成以高铁枢纽为触媒的城市新区，打造乌鲁木齐城市发展的新引擎，引领全市发展。规划突出服务乌昌、辐射全疆、面向中亚的商贸中心和总部商务中心的功能，打造"产城融合"的"首位城区"，体现"宜居示范"和"商务社区"特色，吸引高素质人群，推动形成国际性的商贸平台。

一、规划背景

乌鲁木齐市高铁片区是推进乌鲁木齐面向中西亚金融商贸中心建设、加快地区一体化发展的重大战略部署，其建设是乌鲁木齐市近期的重点工作之一。2011年，上海市城市规划设计研究院在高铁片区城市设计国际方案征集中获得第一名。

二、主要内容与结论

在区域交通层面，本次规划着重解决三个问题：一是周边高速及铁路线路对地区的开发及对外联系造成分割的问题；二是基地现状南北自然地形百米高差所带来的道路线形和标高问题；三是上位规划确定的两条轨道交通线的走向和站点如何与高铁枢纽达到无缝衔接的问题。

结合现状问题，在枢纽地区的设计上提出了"南北联通，上下转换，换乘便利"的设计理念，合理利用现状地形高差来组织立体交通换乘方式，最终形成了综合交通枢纽方案。方案主要内容有三：①将整个枢纽地区整理为若干高程面，通过不同高度的高程面的水平与垂直联系来组织人流，同时结合铁路进出站流线和地铁进出站流线，充分利用不同标高空间，增设商业服务功能；②在合适的高程面增设南北人行大通道，通过公共垂直交通直接将广场上的人流引入地下空间；③从南北两个角度来考虑高铁站房的空间形象（图1，图2）。

获奖情况
2012年上海对口援建新疆其他地区（详规城市设计类）
优秀奖
2013年新疆维吾尔自治区优秀城乡规划设计奖 一等奖

编制时间
2011年3月—2012年12月

编制人员
郭鉴、张玉鑫、苏功洲、郎益顺、张威、暨海波、郑轶楠、吴秋晴、杨莉、王嘉瀞、刘坚、张威、黄轶伦、王云鹏、奚文沁、钱欣、李天华

合作单位
法国翌德国际设计机构
乌鲁木齐市城市规划设计研究院

图 1　高铁片区城市设计鸟瞰图

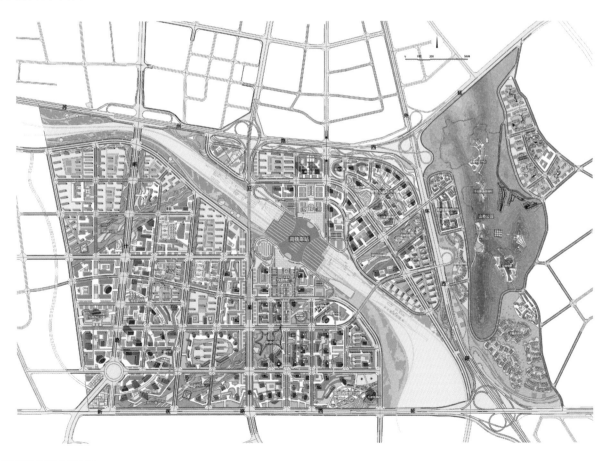

图 2　高铁片区城市设计总平面图

38 博乐市博河新区控制性详细规划及城市设计

作为中国面向中亚的重要开放城市，新疆博乐市的发展应统筹区域资源、结合口岸特色，走出一条新型城镇化道路。规划抓住博河新区发展的有力契机，战略先行、规划引领、理念科学、对接实施，创新了规划编制方式、规划组织形式和规划技术手段，提升了规划可行性，谱写了博乐城市发展的新篇章。

一、规划背景

博乐市为新疆博尔塔拉蒙古自治州（以下简称"博州"）首府城市，是新疆重要的沿边开放城市和新亚欧大陆桥的西桥头堡，博河新区位于城市南部的博尔塔拉河两岸，是城市发展的战略拓展区（图1）。为抓住新的发展机遇、充分发挥自身潜在优势、积极完善和提升城市功能，带动博乐实现跨越式发展，启动了本规划的编制工作。

二、主要内容与结论

规划范围：博乐城区北起锦绣大道—建国路，南至南环路，西起西环路，东至规划东环路—滨河大道（南段）—博温路—规划东环路，总面积15.68平方公里。

获奖情况
2012年上海对口援建新疆其他地区（详规 城市设计类）优良奖

编制时间
2011年8月—2012年10月

编制人员
张玉鑫、金忠民、骆悰、纪立虎、倪嘉、李艳、郭淳彬、徐闻闻、郎益顺、王征、吴芳芳、李东屹

图1 博河新区鸟瞰图

（一）规划理念

提出"乘势而为、齐心聚力，依河兴城、南北协同，区域携手、兵地融合，因地制宜、宜居乐业"的发展策略，体现时代精神、传承历史文化、塑造生态特色、尊重建设条件；优先考虑城市安全、生态安全和水安全，并借博河之水、过境之水、天雨之水，提升城市环境。

坚持"区域统筹、城乡统筹、以人为本"的指导思想、"三个先导"的规划理念（图2）和"多元有机、绿色出行、网络生态、规模适度、紧凑发展"的规划原则，以科学发展观引领城市发展。为博乐注入时代新内涵，以多元包容体现"博"，以乐活宜居体现"乐"。

（二）城市定位和发展目标

博河新区的发展目标为：州级城市核心，将建设成为集商业、办公、文体休闲和多种居住功能为一体的繁华精彩的现代都会、多元包容的快乐城市、大气舒展的宜居家园和生态低碳的西域明珠。

（三）城市发展方向和发展规模

博河新区以州级行政中心、文体中心、商业商务中心建设为抓手，聚焦资源，建设成为整个博州的核心地区，以南强促北优，带动整个城区功能提升和布局优化。规划可居住人口约12万人。

（四）规划空间结构

整个城区形成"两轴、三片、一环、双心"城市空间格局（图3）。其中，两轴指博河两岸城市功能主轴、北京路城市功能主轴；三片为北区、博河新区和东区；一环为乐道环廊；双心为州、市两级公共中心。同时形成三个城市空间品牌：繁华中轴、锦绣滨河和乐道环廊（图4）。

（五）生态景观与城市安全

针对博河以南地区处于山脉北坡荒草区，根据其逢雨必洪的特点、易渗的地质条件、降雨量少蒸发量大的气候条件，以及农业灌溉的实际需求，制定以防洪堤导洪渠为主、储水湖为辅的城市防洪体系。景观塑造尽可能借用、活用各种水资源，提升城市宜居环境。考虑瞬时雨水的汇入和引排，兼顾丰水期和旱水期水景的过渡处理，提出"借、活、亲"的水系景观设计创新手法。

（六）控制指标

从地形地貌的坡度坡向、山洪冲沟及土地价值的交通区位、环境区位、服务区位等方面，建立模型可评价因子，利用GIS进行综合评价分析，为地块开发控制普适性指标的确定及城市管理普适图则提供切实可行的依据。结合城市设计，形成附加图则，重点地块达到带方案出让深度。

公共交通（TOD）先导　　　大型公共设施（SOD）先导　　　生态环境（EOD）先导

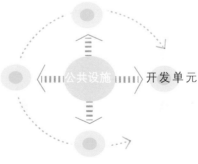

图2 "三个先导"规划理念图解

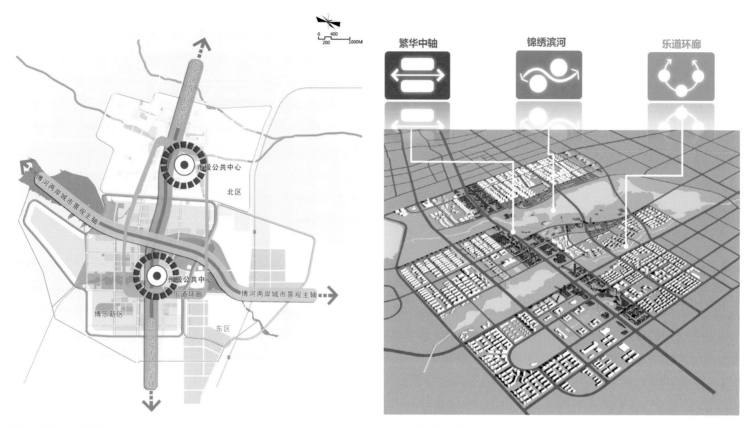

图 3 空间结构规划图

图 4 城市空间品牌图解

三、创新与特色

先期开展城市空间战略研究，并从历史文化、资源禀赋、人口与经济、土地使用、公共服务体系、综合交通、新区建设挑战、公众参与、绿洲城市建设研究 9 个层面展开。

以规划为龙头，同步引领建筑、景观、园林、道路、桥梁等多个部门，统筹从规划编制、工程设计到规划实施与管理的各个环节，探索了规划编制加建设实施组织新模式。注重规划与城市本身特点的结合，突出地域特点、民族特色和边境特征。

39 江西省赣州市城市总体规划

获奖情况
2011 年度上海市优秀工程咨询成果奖 三等奖

编制时间
2005 年 8 月—2010 年 12 月

编制人员
宋凌、苏甦、石崧、张长兔、陶成刚、刘俊、杨眺晕、
陶英胜、张式煜、曹晖、吴晓松、范衍

赣州市总体规划坚持以人为本、可持续发展和集约用地的理念，充分发挥赣州在交通、文化和生态方面的优势，从赣州市域、都市区和中心城区等不同层面统筹安排城乡建设、布局空间结构、协调保护与发展、完善基础设施，力图把赣州建设成为江西省省域副中心城市、赣粤闽湘四省通衢的区域性现代化中心城市、国家历史文化名城和山水生态宜居城市。

一、规划背景

为贯彻落实国家关于中部地区崛起的发展战略，赣州市提出了"对接长珠闽、建设新赣州"的发展战略，2005 年，赣州市政府启动了新一轮城市总体规划的修编工作。

二、主要内容与结论

本次规划确定赣州的城市性质为：江西省省域副中心城市、赣粤闽湘四省通衢的区域性现代化中心城市、国家历史文化名城和山水生态宜居城市。规划提出"做大中心、构筑骨架，做强节点，带动组群，建设特色重点城镇"的城镇布局。规划进行区域空间管制，形成以中心城区为主，以赣县、南康为辅，以发展金脊和厦蓉高速、京广铁路为轴线的空间格局。中心城区按照核心组团与边缘组团的功能不同，在各组团之间进行分工协作、相互配合，形成整体的竞争优势，同时也形成一个有机联系、合理分工的城市组团网络。规划强化赣州作为交通枢纽城市的功能，提高区域交通的可达性；在不同的层次和尺度上对历史文化名城进行全方位的保护。

三、规划创新与特色

本规划的创新特色主要包括：①重视前期基础性研究工作；②强化公众参与和多层次规划反馈互动，体现以人为本的创新规划思维；③立足开放的视野，找准城市在区域竞合中的定位；④落实城乡一体化发展的理念；⑤重构产业结构，促进产业集群、联动发展。

40 邯郸市城市总体规划
（2010—2020）

以环渤海湾经济圈、环首都经济圈等区域发展战略的提出为背景，本次总体规划的编制工作围绕五项重大议题展开：立足区域协调、明确邯郸市的发展定位；处理好历史保护与城市发展的关系；协调国家重大基础设施规划建设与城市发展的关系；合理拓展中心城区发展空间，构筑与邯郸市未来发展相适应的发展框架；协调规划区内3个相对独立城区的联动发展。

一、规划背景

邯郸历史悠久，文化灿烂，是中华文明的重要发祥地之一，也是国家第一批历史文化名城。中华人民共和国成立后，邯郸担负起国家工业发展的重任，逐步成为全国重要的钢铁、冶金、电力、煤炭、建材、纺织生产基地。随着环渤海湾经济圈、环首都经济圈等区域发展战略的提出，京广客运专线、邯济铁路、南水北调中线工程和煤炭化工等国家、区域性重点项目的确定和开工建设，邯郸再次面临新的发展机遇。

二、主要内容与结论

按照"着眼长远、统筹兼顾、和谐发展、科学规划"的总体要求，以问题和目标为导向，本次总体规划编制确立了"分层引导、交通先导、统筹发展"的规划理念，并明确了相应的规划策略。在城镇化水平预测方面，综合多种方法合理预测至2020年邯郸市域和中心城区人口发展规模，并合理预测城镇化水平。

（一）贯彻"分层引导"的理念

在市域城镇体系规划方面，强化中心城市和交通轴线的辐射带动作用，实行"突出中心、依托轴线、辐射全域"的空间发展战略（图1），明确了邯郸1个设区市、1个县级市、14个县、91个建制镇的等级、规模和职能结构。在市域综合交通方面，以建设晋冀鲁豫四省交界地区的陆路交通枢纽为基本目标，以河北省重要的陆路口岸城市为发展方向，构建"公铁联合、航空促进、高效便捷、辐射城乡"的综合交通体系。在市域生态协调方面，

获奖情况
2013年度上海市优秀城乡规划设计奖　二等奖
2014年度上海市优秀工程咨询成果奖　一等奖

编制时间
2004年6月—2012年1月

编制人员
李锴、许菁芸、王剑、王璐妍、李强、张逸、张式煜、夏丽萍、王嘉漉、高瑞宏、曾庆芳、熊立兵、张保生、王秀允、王素兰

合作单位
邯郸市规划设计院

协调城市水源、河湖湿地、耕地、水土保持、自然与文化遗产、市政通道控制带等六类生态敏感区与城市规划区的空间布局，落实生态空间管制要求。在城市规划区层面，着重解决组合型城区协调发展的问题。在中心城区层面，着重解决城市新区发展的空间布局问题（图2）。

（二）贯彻"交通先导"的理念

1.构筑立体化综合交通体系，支撑区域经济中心建设

市域层面规划形成"三纵、两横、一环、九射线"为主框架的高速公路网，结合邯郸机场和铁路网的建设，形成完善的综合交通体系。从而支撑邯郸"四省交界区域经济中心"的建设。

2.实施"快速交通为骨架、公共交通为主体"的交通策略

以快速交通引导中心城区功能布局优化。通过规划绕城高速环和主城区快速环，协调区内交通、客货交通、过境交通的关系，优先发展公共交通，加大对公共交通发展的政策扶持，构建以常规公交为基础、轨道交通为骨干的公共交通体系。

（三）贯彻"统筹发展"的理念

1.统筹城乡发展

合理配置城乡空间资源，以城带乡、城乡互动、协调发展。

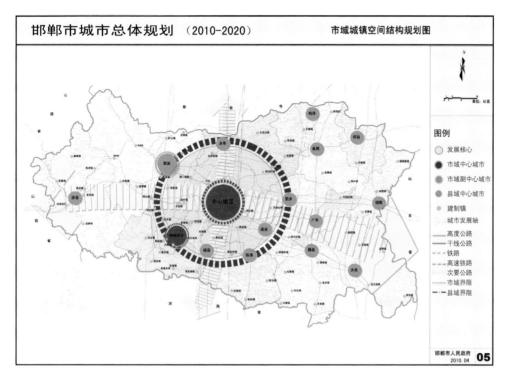

图1 市域城镇空间结构规划图

在城乡基础设施方面，遵循"统筹规划、联合建设、资源共享"的原则，县城基础设施可单独建设，小城镇基础设施可依托城市或几个镇联合建设。

2. 统筹产业发展

着力调整产业结构，加快培育高新技术、装备制造、现代服务等新兴产业，重点打造邯钢、高新技术开发区、马头物流产业园，优化产业布局，实现集约集群发展。

3. 统筹国家重大基础设施建设与城市发展

南水北调工程、京广客运专线、京港澳高速公路扩容选线等国家级重大基础设施的走向对邯郸中心城区发展方向和格局造成重大影响。规划采用共用通道，城区段高架等方法，有效地协调了国家基础设施与城市发展的关系。

4. 统筹历史文化保护与城市发展

保护好邯郸故城等历史文化遗产、全国重点文物保护单位和省、市级重点文物资源。尤其加强对于赵王城遗址的保护，对历史文化名镇、名村及对具有历史价值的传统建筑进行整体保护。

三、规划实施

2012年《邯郸市城市总体规划》获国务院批准通过。

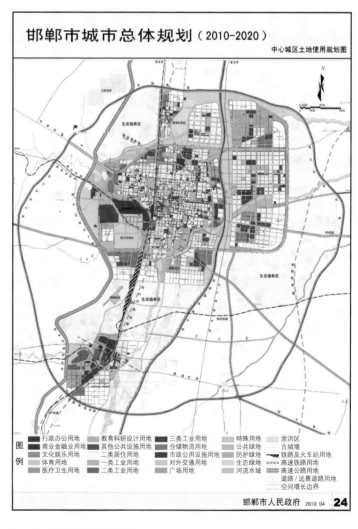

图2 中心城区土地使用规划图

41 海门经济技术开发区总体发展规划（2013—2030）

海门经济技术开发区在 2013 年获批升级为国家级开发区之际，谋求新的发展思路和发展框架。本次总体发展规划把海门城市、海门经济技术开发区放到了国家深化改革、转型发展的大背景中，放到了上海大都市区区域一体化发展的大格局中，以内涵式规划的价值理念和技术方法，全面引领海门经济技术开发区从粗放发展阶段迈入内涵式发展阶段。

一、规划背景

海门，与上海隔江相望，是长江口、南通地区的经济强市，素以科技、纺织、教育、建筑业闻名。海门经济技术开发区创办于 1992 年，是江苏首批省级重点开发区之一，于 2013 年获批升级为国家级开发区，按照一系列政策要求，城镇化和开发区建设的传统方式面临全面转型。2013 年，也是上海启动新一轮城市总体规划编制之年。在上述背景下，启动本次总体发展规划的编制工作。

二、主要内容与结论

本次规划按照"宏观发展战略—中观策略体系—微观落实措施"有机结合的研究框架展开。

（一）战略定位和建设目标

本次规划以上海的战略动态和海门的生态环境、科教文化资源优势为契合点，判断未来海门经济技术开发区将是上海大都市区域中不可或缺的分工区域，具有综合服务功能的科教新城、产业新区和长江口休闲旅游目的地，也是海门城市新一轮发展的重要增长引擎。以"智慧、健康、浪漫"为特色，成为面向上海大都市区的一片具有吸引力和综合服务能力的"环境净土、创新沃土、创业热土"。

（二）空间发展策略

规划确立了"1 个城市总体层次 +3 个开发区分区层次 +16 个单元层次（策略分区）"的空间规划体系。其中，创新运用 "策略分区"作为中观层次空间策略的"落脚点"和政策性语汇的"空间转译"，逐一明确各策略分区的功能定位、特色业态、建筑密度、建筑高度、景观风貌和道路格局等设计要点，但对用地性质不做具体控制，留给下层次规划足够的弹性。

（三）实施机制建议

从开发时序、近期行动计划、保障发展的政策导向、规划管理机制等方面，提出实施机制建议。

获奖情况
2015 年度上海市优秀城乡规划设计奖（城市规划类） 三等奖
2015 年度上海市优秀工程咨询成果奖　二等奖

编制时间
2013 年 5 月—2014 年 3 月

编制人员
骆悰、陈琳、童志毅、周凌、欧胜兰、陆巍、张海烨、杨柳

42 外滩金融集聚带建设规划

获奖情况
2012 年度上海市优秀城乡规划设计奖　三等奖
2011 年度上海市优秀工程咨询成果奖　三等奖

编制时间
2009 年 8 月—2013 年 4 月

编制人员
顾军、奚东帆、奚文沁、苏功洲、王佳宁、黄轶伦、赵昀、
邵瑛、应慧芳、暬海波、郑迪

根据上海国际金融中心建设的战略部署，规划将外滩金融功能向南延伸形成金融集聚带，与陆家嘴金融城共同构成"一城一带"的国际金融中心核心空间构架。建设规划立足国家战略，结合产业发展需求和区域特征，整合现有各项规划。围绕金融功能，开展了六大系统设计以及三项专题研究。通过功能研究和城市设计，深化落实外滩产业、空间发展战略，完善各项设施支撑，塑造金融区整体形象。

一、规划背景

针对新形势下上海国际金融中心建设的战略部署和客观需求，规划将外滩金融功能向南延伸形成金融集聚带，与陆家嘴金融城共同构成"一城一带"的国际金融中心核心空间构架（图 1）。为了更好地推进外滩金融集聚带功能发展与城市建设，塑造上海金融服务业集聚发展的标志性区域，上海市规土局、上海市浦江办、上海市黄浦区政府组织开展相关规划。2008 年启动功能研究，2009 年 8 月起，在深入的金融功能和城市设计研究的基础上，编制《外滩金融集聚带建设规划》（以下简称《建设规划》），作为外滩金融集聚带建设和管理的纲领性文件。

图 1 "一城一带"布局结构图

二、主要内容与结论

《建设规划》立足国家战略，结合产业发展需求和区域特征，提出秉承延伸和强化外滩品牌的理念，发挥外滩优势，统筹各项资源，打造文化外滩、服务外滩、创新外滩；并从功能结构、空间形态、服务配套、交通组织、地下空间开发利用、文化内涵传承六大方面进行系统设计，同时就老建筑利用、次新楼改造、重点地块开发建设3个专题展开重点研究。

（一）以产业发展为先导，立足国家战略，探索地区发展路径

《建设规划》对国际金融业、金融中心的发展趋势和经验进行深刻的剖析和借鉴，着眼宏观战略和政策研究，关注区域协作，提出上海金融中心的建设路径。对陆家嘴与外滩开展差异化分析，提出二者应当错位互补、协同发展。外滩金融集聚带应当充分利用外滩品牌的号召力，以金融为核心，强化地区文化和综合服务，走创新发展的道路。

（二）空间布局为功能建设服务，实现空间与功能的对接，对产业发展提供实质性支撑

针对金融相关企业与人才的需求，合理配置各类空间要素，突出复合化的功能布局，建设网络化的公共活动体系，形成"一轴三带"的组团式布局结构（图2）。

（三）注重历史建筑和环境的保护、更新与利用，强化外滩品牌

保护城市空间和建筑组合的整体协调性，尊重已有的建筑风格和城市肌理，更新改造老建筑和次新楼，并协调新旧建筑在形态、尺度、布局等方面的关系。

（四）突出空间特色，塑造金融区的标志性滨江天际线

通过空间建模结合视线分析的方法建立空间评价体系，选取具有代表性的若干视点，对重点开发地块的空间形态进行多方案比选，形成最优化的城市设计方案。

（五）建立开发实施机制，将规划编制与政策制定相结合，使金融集聚带建设有序推进

以"先行先试"为中心，开展深入的政策设计。既立足长远，关注核心竞争要素的集聚发展，形成良好的金融生态环境，又紧扣国际时政，剖析全球金融风暴本质，加强市场监管和风险控制，使政策设计兼具前瞻性和现实性。

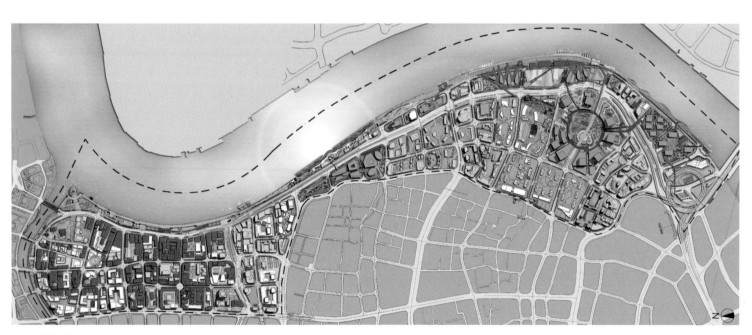

图2　总平面图

新型城镇化与区域共建

回溯历史，自 1946 年的《大上海都市计划》开始，上海的规划工作始终秉持"有机疏散"的理念，关注区域的共同发展，并始终将其放在规划工作的关键地位。尤其是党的十八届三中全会以来，上规院在落实"新型城镇化"发展要求的进程中，坚持深入实地、厘清现状，并不断探索规划新技术、新方法，稳步提升规划设计水平，在推进健康城镇化发展的过程中发挥规划指引的力量。

在新型城镇化的战略目标引领下，上海的新城、新市镇发展愈发完善，上规院在上海市域内的城镇发展中承担了举足轻重的工作。近十年来，上规院先后完成了浦东新区发展战略规划、南桥新城总体规划、临港新城总体规划等重大新城的发展规划及修编。上规院一直坚持扎根上海的工作理念，经过多年的积累，对于上海郊区新城及新市镇的发展状况均有扎实的研究基础与认知。在充分了解城市的基础上，针对不同问题提出具有建设性及可实施的规划方案，并注重规划实施跟踪与后续评估。

除了关注上海自身的发展外，上规院在承担区域协同发展方面也发挥了重要的作用。上规院在支持新疆、西藏等西部地区的城市规划工作中取得了丰硕的成果，其中以莎车县总体规划、泽普县县域城镇体系规划为代表的援助项目获得了广泛认可。

01 统筹城乡规划，优化完善 郊区城镇结构体系和功能布局研究

获奖情况

2015 年度全国优秀城乡规划设计奖（城乡规划类）
三等奖
2015 年度上海市优秀城乡规划设计奖（城市规划类）
二等奖
2015 年度上海市优秀工程咨询成果奖　一等奖

编制时间

2014 年 3 月—2014 年 12 月

编制人员

张玉鑫、金忠民、詹运洲、陈琳、周晓娟、苏志远、
欧胜兰、黄珏、马玉荃、许珂、周翔、陆巍、陈圆圆、
何俊栋、杨帆、陶英胜

围绕国家新型城镇化要求以及上海建设"四个中心"和国际化大都市目标，聚焦上海市城乡一体化发展，通过广泛、深入调研，总结出上海市镇村发展存在的突出问题，并对德国、英国、法国、日本、韩国等国及中国台湾地区村庄的发展情况进行深入分析，提出着力构建"网络化、多中心、组团式、集约型"城镇空间格局，形成与长三角区域空间一体，大、中、小城市和小城镇协调发展的城镇体系。突出镇在城乡一体化发展中的重要作用，发挥新市镇、小集镇对周边地区的服务和带动能力的总体思路，并针对新城、新市镇和村庄发展提出差别化指导策略。

一、研究背景

为落实中央城镇化工作会议精神和国家新型城镇化规划要求，结合新一轮总规研究，上海市委常委会部署由发改委牵头，各委办局参与开展 2014 年 2 号课题"推进本市城乡一体化发展"调研工作。上海市规划和国土资源管理局负责、上海市城市规划设计研究院具体开展子课题"统筹城乡规划，优化完善郊区城镇结构体系和功能布局研究"。本课题力求探索符合新型城镇化发展需求的镇村发展策略。

二、主要内容与结论

经过深入调研，对照国家新型城镇化要求以及上海建设"四个中心"和国际化大都市目标，上海市镇村发展存在"市域城乡体系发展不平衡、土地使用集约度不高、人居环境问题严峻、基本公共服务设施不尽完善、产城融合不够、体制机制与城镇规模、人口结构等不匹配"6 个方面的突出问题。

针对上述问题，课题提出着力构建"网络化、多中心、组团式、集约型"城镇空间格局，形成与长三角区域空间一体，大、中、小城市和小城镇协调发展的城镇体系。突出镇在城乡一体化发展中的重要作用，发挥新市镇、小集镇对周边地区的服务和带动能力。

（一）优化城镇空间结构

优化"1966"城乡规划体系和功能布局，提出构筑"中心城—新城—新市镇—小集镇—村庄"的城乡体系（图1，图2）。其中新市镇、小集镇和村庄是本课题策略聚焦的重点。

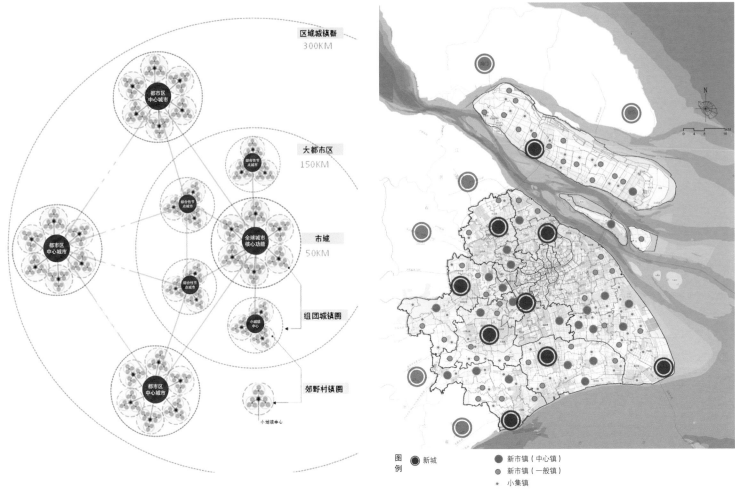

图 1 城乡空间发展模式示意图　　　　　　　　　　　　　　图 2 城镇空间格局示意图

（二）差别化引导镇村发展

　　针对城镇和乡村在城乡体系中的定位和作用，按照区位、资源禀赋和发展特色，进行分类引导。

　　新市镇发展策略：将中心城、新城以外的 60 个左右新市镇，根据区位、功能、规模和特色等分为中心镇和一般镇，加强分类指导。中心镇，指位于区域交通走廊、对外门户位置，基础条件良好，功能完善，一般人口规模 20 万以上的相对独立的城镇，强调服务区域的中等城市功能，重点是强镇扩权。一般镇指人口规模 5 万～ 15 万左右相对独立发展的城镇，强调服务地区的小城市功能，发挥容纳人口、引导农民集中居住、带动农村发展作用。

　　小集镇发展策略：将远郊部分人口规模较小、服务本地的建制镇，现状相对独立、有一定规模和发展基础的非建制镇，按基本管理单元完善服务，以小城镇的标准进行公共设施配置，一

般服务人口约 0.5 万～ 2 万人（图 3）。强调就近为农民提供就业，加大政策性资金投入，强化城乡一体化社会管理。

　　村庄发展策略：根据现状村庄规模、区位、环境、产业、历史文化资源等因素，加强保护村、保留村的分类引导（图 4）。保护村进一步保障基础设施和公共服务水平，保护村庄整体风貌；保留村重点是优化组团式布局，统筹配置公共设施。同时，对受环境影响严重、居民点规模小、分布散的村庄，以及位于集建区范围内和毗邻集建区的村庄，有序安排农民进城入镇。

三、创新与特色

　　研究提出分类推进新城和新市镇发展的理念和主要观点纳入中共上海市市委文件《关于推动新型城镇化建设促进本市城乡一体化的若干意见》（沪委发〔2015〕2 号）。在该文件指导下，

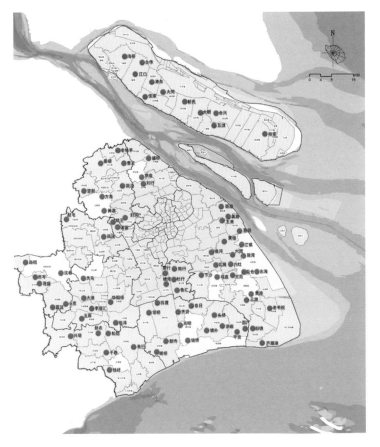
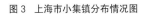

图3　上海市小集镇分布情况图

图4　上海市村庄发展导向示意图

市级各委办局于 2015 年陆续出台 20 项相关政策。

　　基于本课题，市规土局制定了《关于进一步加强本市郊区镇村规划编制工作的指导意见》，开展了《郊区镇村公共服务设施配置导则》等系列文件的编制工作。

　　本研究的调研成果、研究理念和主要观点已应用于新一轮上海市城市总体规划的编制研究中，并为区县总体规划编制奠定扎实基础。

02 上海市郊区新市镇和中心村规划编制技术标准

2006 年，在建设新农村的战略引领下，当时的市规划局组织编制了《上海市郊区新市镇和中心村规划编制技术标准》（以下简称《标准》）。《标准》以城乡统筹发展、完善规划编制体系与体现上海特色、提高成果实用性为指导思想，以全面细致的实地调研与扎实的现状资料分析为基础，以深入研读现有国家标准与地方标准汲取的精华为指导，规定了新市镇和中心村规划编制的基本内容、要求和控制指标。

一、研究背景

中央十六届五中全会指出"建设社会主义新农村是我国现代化进程中的重大历史任务。"上海市委市政府明确提出"上海发展要从 600 平方公里走向 6 000 平方公里""将郊区作为上海新一轮发展的主战场"。在这一宏观战略的指导下，上海规划系统大力开展了包括新市镇与中心村在内的郊区规划的编制、研究、标准制定等工作。《标准》既是对于相关工作的总结和提炼，也包含对于新市镇、中心村规划的前瞻性思考。

二、主要内容与结论

市规划局组织开展了覆盖上海郊区各市镇、乡、农村的郊区大调研工作，对郊区经济、社会、人口、土地、建设的基础情况进行调研，深入了解郊区的发展愿望，为标准研究打下了坚实的基础。建立起全市统一的地理信息数据库系统，包括郊区各市镇、农村的现状和规划建设资料，作为标准研究的技术数据平台。《标准》作为一个全新的尝试与探索，其研究内容主要包括对新概念界定和郊区规划体系确立两大部分。

（一）明确新市镇和中心村的定义

新市镇和中心村是上海建设社会主义新郊区进程中产生的崭新概念，与传统的集镇和行政村、自然村的概念均有所不同。《标准》明确新市镇是在现状城镇基础上充分利用有利资源，归并整合形成的功能齐全、各具特色的郊区城镇，根据新市镇的规模、职能和地位等，新市镇分为中心镇和一般镇。中心镇和一般镇由区（县）域总体规划予以确定。新市镇的镇区是镇域的政治、经济、文化中心。被撤并城镇的镇区，是新市镇镇区的组成部分。中心村是上海城乡规划体系的基本组成，是郊区农民生产、生活以及农村管理的基本单元。

获奖情况
2009 年度上海市优秀城乡规划设计奖　三等奖

编制时间
2006 年 3 月—2007 年 3 月

编制人员
俞斯佳、乐晓风、黄华、夏丽萍、熊鲁霞、张长兔、齐峰、杨心丽、周翔、金敏、许俭俭

合作单位
上海市规划和国土资源管理局

（二）明确新市镇用地分类标准

目前，国内现有的关于郊区规划的技术标准多将郊区与中心城严格区分，郊区规划中的用地分类多以《村镇规划标准》（GB50188）为依据，《标准》编制组通过调研明确新市镇作为提高上海城市化水平、促进郊区城镇化建设的工作重点，新市镇的用地分类宜以城市用地分类标准为基础。《标准》中新市镇用地分类主要参照《城市用地分类与规划建设用地标准》（GBJ137）与上海市中心城分区规划的用地分类，同时结合郊区的特征进行适当调整而确定。

（三）明确"人口"的概念

《标准》中的人口沿用中心城、新城规划中常住人口的概念。镇域人口即镇域户籍人口与居住在镇域范围内半年以上的外来人口之和。镇域总人口包括城镇人口与农村人口。

（四）确立系统完整的郊区规划体系

《标准》明确要求编制新市镇规划的同时应编制新市镇镇域规划与新市镇镇区规划。为了实现郊区规划在指导建设上无缝衔接，编制镇域规划必须编制镇村体系规划。镇村体系规划应在镇域范围内合理确定新市镇镇区范围，确定镇域范围内中心村的数量、规模、范围、布局以及农用地和各类产业园区的规划范围、布局与发展规模。

三、创新与特色

（一）完善规划体系

《标准》是上海第一部为指导郊区规划编制而制定的技术标准，填补了上海郊区新市镇、中心村编制标准的空白，从而形成了中心城—新城—新市镇—中心村这一完整的城乡规划体系。

《标准》规定，编制新市镇规划应同时编制新市镇镇域规划与新市镇镇区规划，并通过镇域规划确定新市镇、中心村、农用地及各类产业园区的规划范围、布局与发展规模，从而实现对镇区规划与中心村规划的指导，确保郊区规划在指导建设上无缝衔接。

（二）强化城乡统筹

《标准》在规划体系上与中心城、新城规划相衔接，在规模测算、用地分类等技术内容上与城市地区规划相统一，各专项系统规划在整个城乡区域统筹布局，从而集中贯彻强化了城乡统筹的理念。

新市镇与中心村人口规模沿用了中心城规划中常住人口的概念，以户籍人口与居住在该区域内半年以上的外来人口之和作为人口指标。相同的统计标准有利于城市整体人口规模的控制与布局。新市镇的用地分类以城市用地分类标准为基础，同时结合郊区的特征进行适当调整，使新市镇用地分类同时具有城市与农村的特色，既能向上与中心城、新城规划相衔接，又能向下指导中心村的规划。

《标准》在国内各大城市中较早地就城乡统筹规划的相关技术内容进行探索，对各地郊区规划在理念和方法上都具有重要的示范作用。

（三）突出地域特色

新市镇与中心村是上海在建设社会主义新郊区进程中提出的新概念，分别以现状基础较好的村镇为基础，归并整合周边其他村镇形成。《标准》中结合上海郊区村镇发展的实际情况，分别对其定义和标准适用范围进行了界定。

《标准》中各项建设指标的确定，是立足实地调研与对大量现状资料的分析，并广泛听取相关部门的意见，在此基础上对现有相关技术规范和标准进行修正与补充。与国标《村镇规划标准》相比，《标准》从编制时间和指导对象而言，更具有针对性；从主要内容而言，更完整系统；从控制指标而言，更符合上海的发展要求；从用地分类而言，能更好地与中心城的规划相衔接。因此，《标准》中的各项建设指标，既符合国家标准的要求，又贴合上海的实际。

03 上海市浦东新区发展战略规划

2009 年，国务院批复同意上海加快推进"两个中心"建设，原南汇区整体建制划入浦东新区，浦东新区开发开放作为国家战略的地位得到进一步提升。在此基础上启动的本次战略规划编制坚持问题、需求和目标 3 个导向，重视与国内外相关城市和地区的对比分析，对土地使用、产业转型、交通优化、空间整合、生态保护等重点问题进行了专题论证和前瞻性研究，为合理确定规划目标和发展对策提供了有力支撑。

一、 规划背景

浦东新区是中国改革开放示范区和综合配套改革试验区。2009 年 5 月 6 日国务院正式批复《关于撤销南汇区建制同意将原南汇区行政区域划入浦东新区的请示》。同时明确加快建设迪士尼、大飞机制造等重大项目，浦东新区进入了新的历史性发展阶段。为适应行政区域扩大后的全新发展格局，浦东新区人民政府会同上海市规划和国土资源管理局组织开展了《浦东新区发展战略规划》方案征集工作。

二、主要内容与结论

规划构建了浦东新区"资源汇聚、观念重塑、价值提升、和谐交融"的总体战略思想，制定了"现实判读、远景展望、战略选择和行动框架"的总体编制框架（图 1）。

（一）土地使用：从约束到共生，实现有限资源创造更大价值

1. 用地挖潜

着重从现状已有和新增用地规划调整两方面进行。现状已有包括"批而未供"和"批而未建"两部分。新增用地挖潜包括"两规合一优化可拆除零星用地、撤并园区外围低效用地、国家公告园区内用地整合、农村宅基地土地流转和滩涂拓展用地"5 个方面。

2. 发展策略

针对可用土地资源挖潜，规划明确新增建设用地应坚持优先落实国家战略，确保国家战略产业的用地需求和确保民生项目及基

获奖情况
2011 年度上海市优秀城乡规划设计奖　三等奖

编制时间
2009 年 9 月—2010 年 2 月

编制人员
张逸、李强、刘旭辉、蔡超、忻隽、徐丹、程蓉、邢振华、陈颖、胡志晖、张旻、张锦文、王威、杨柳、奚海燕、韦东、吴庆东、钱爱梅、罗翔、刘旭辉、郧燕萍、黄瑶、徐娟、朱新捷

合作单位
上海市浦东新区规划设计研究院

础设施和社会事业等；滩涂用地拓展、迪士尼及其周边地区以及沿海部分岸线则以生态控制为主，为远期空间拓展进行战略储备。

（二）产业转型：从赶超到超越，率先实现两个中心建设与产业转型

基于浦东新区产业发展现状，规划从"产业规模、模式调整、战略承载、效率提升"四个方面明确未来浦东新区结构转型目标和策略。

1. 金融中心：立足全市统筹，构筑全市"一城一带"的总体格局。

2. 航运中心：区域整合，推进外高桥港、洋山深水港和空港的三港联动。

3. 先进制造业分北、中、南三个区域。北部区域坚决推进高桥石化等重化企业外迁和三大国家级开发区转型；中部区域促进康桥、南汇工业园区与北部张江、金桥等地区的结对发展；南部区域促进临港主产业区、重装备产业区的快速发展（图 2）。

（三）交通优化：从可达到通达，打造完善的客、货运综合交通体系

1. 航空港：确立"一市两港，两港融合"的发展策略，明确建设虹桥枢纽与浦东国际机场间的机场快线。

2. 航运港：实施"双槽战略"，提出在五号沟北侧或崇明三岛东侧建立水水转运港口，提升水水转运比例。

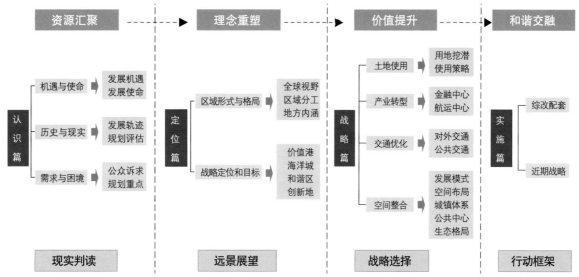

资源汇聚 ----► 理念重塑 ----► 价值提升 ----► 和谐交融

图1　总体编制框架

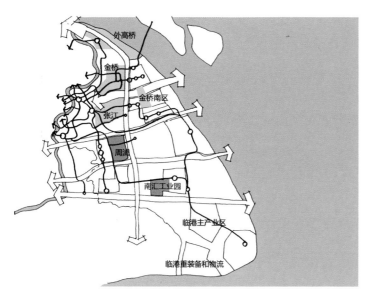

图2　产业区布局

3. 铁路：逐步完善新区铁路网络，明确铁路主客站进入中心城区，沪通铁路线位适当西移。

4. 公路：重点打通外高桥港区、外环隧道以及临港重装备产业区入口处等关键节点，提高效率。

5. 公共交通：提出将铁路系统纳入城市内部客流运输系统，形成城际轨道、市域快线和中心城内部轨道交通三网合一。

（四）空间发展：从城乡统筹到城郊融合，构建城市化发展的新模式

1. 空间布局：以中心城为核心，将浦东新区空间格局划分为中心、中心城周边地区、远郊区、南汇新城四大圈层，并明确各区域发展策略和方向。

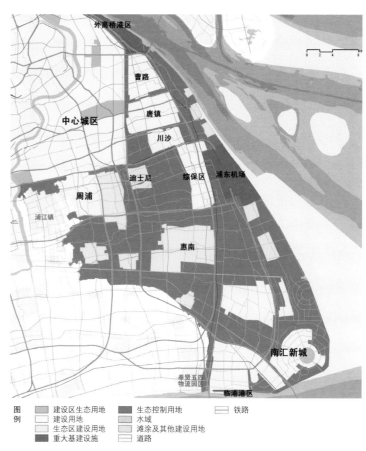

图3　土地利用规划图

2. 公共中心：形成城市中心、城市副中心、地区中心（新城级中心）、新市镇级中心、社区级中心以及市级专业中心的公共中心体系。

3. 城镇体系：形成1个中心城、1个南汇新城和曹路、唐镇、川沙、周浦、惠南、航头6个新市镇的城镇体系格局（图3）。

4. 生态格局：重点构筑"沿江、沿海、一纵四横"的生态网络格局。

04 上海市南桥新城战略提升规划研究

本规划研究以"健康南桥,科学发展"的理念贯穿始末,强调南桥新城对内应向东发展、重塑蓝绿,围绕生态核心紧凑布局功能板块;对外则依托成型的区域交通骨架增加联系通道,实现交通引导、通达四方。南桥新城的战略提升将有利于南桥新城的发展,有利于促进奉贤区社会经济发展并均衡东西向区域空间结构,有利于推进杭州湾北岸板块的战略崛起,有利于上海更好地服务长三角、提升城市能级。

一、研究背景

上海处于城市发展关键的战略机遇期,下一阶段城市发展的重心将逐步从中心城转移到郊区新城,加快推进郊区城镇化和城乡一体化的步伐,同时更加关注如何使城市的发展更好地融入长三角城镇群。未来郊区新城的发展必须要思考在全市整体战略布局中的地位和作用。基于对南桥新城总体规划实施评估的分析研究,提出"上海的发展就是南桥新城的机遇"这一基本命题,立足于结构调整和战略提升两大主线,提出"健康南桥、科学发展"的主旨思想,结合南桥新城内外部环境的变化,提出新城战略提升的必要性,认为南桥新城未来在全市战略中将扮演更加重要的角色。

二、 主要内容与结论

本研究重点一是新城战略提升的必要性,二是新形势下南桥新城的功能定位、理念和发展策略,三是战略提升的空间构想,包括城市发展方向,空间结构、规模、专项系统支撑等。

研究将南桥新城定位为:奉贤区政治、经济、文化中心,上海杭州湾北岸板块的综合性服务型核心新城,服务长三角南翼以及大浦东地区的重要枢纽和门户。

南桥新城未来将全面贯彻科学发展观,实现生产、生活、生态三者的融合,着力发展清洁产业,建构便捷交通,营造宜人环境,构筑宜居生活,以此提升南桥新城的能级和综合实力。在此理念指引下,进一步明确产业发展突出清洁低碳的特色,大力发展现代服务业和先进制造业,着重构筑以服务经济为主的新城产业结构。

在"健康南桥,科学发展"战略理念的指导下,注重集约用地:明确发展方向,划分清晰的功能板块和优化空间结构;多元融合:结构紧凑有序,外部通达四方,内部"三生"融合(生产、生活、生态);统筹发展:区域平衡发展,城乡统筹协调,新城集聚人气(图1)。通过以上发展策略,在城市空间布局上与南桥新城的功能定位、产业发展、交通建设、环境塑造上相呼应,构建科学合理的城市发展框架。

通过对南桥新城四个方向发展条件的综合评判,在上轮总体规划向东、向北发展的基础上进一步明确跨金汇港东进发展的战略(图2)。用地总量方面,在控制范围维

获奖情况
2011 年度全国优秀城乡规划设计奖 二等奖
2011 年度上海市优秀城乡规划设计奖 二等奖

编制时间
2008 年 3 月—2008 年 12 月

编制人员
石崧、陈琳、陶英胜、张式煜、宋凌、曹晖、吴晓松、李静、张铁亮、周杰、张锦文、郑盛、岑敏、翁维霞、杨柳

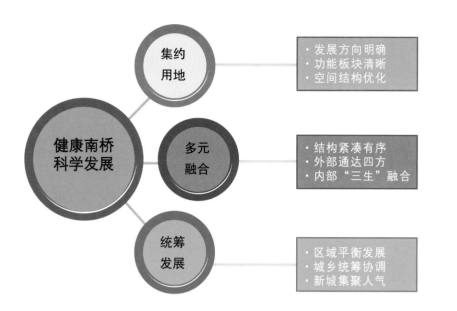

图 1　空间策略示意图

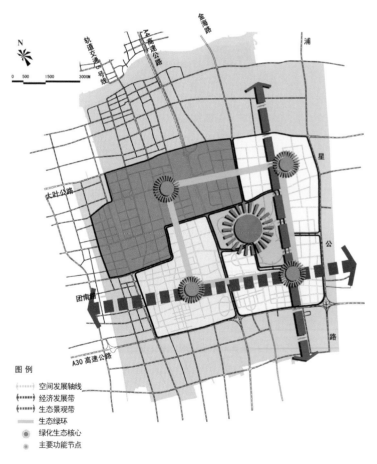

图 2　发展方向示意图

系原总体规划 84 平方公里的前提下,规划建设用地面积 61 平方公里。从而实现了总量不变,能级提升。

依托新城既有的水绿生态网络形成"一核联四片、一环串两带"的空间结构和布局。围绕生态林地和"上海之鱼"打造新城核心,通过生态景观水系环廊联系三个综合片区和一个产业片区,同时打造解放路公共服务业轴线和金汇港生态景观轴线(图 3,图 4)。

研究提出要破解南桥新城既有单通道、低保障的交通瓶颈,建构多通道、高保障的交通网络。依托 A30、A4、A7、A3 和 A15 的高速公路网络形成多个对外快速集散通道,加快金海路提升为市级干道建设,并研究浦星公路改造提升的可行性,增加与中心城和浦东的联系(图 5)。同时轨道交通 5 号线将成为联系南桥新城与中心城和虹桥枢纽的重要通道。

公共服务设施方面,大力发展综合商业、文化体育、医疗卫生以及基础教育等城市公共服务设施。公共服务设施布局主要考虑公共服务设施的均好性和便捷性,规划结合地铁站和主要交通干线,在各综合片区的核心区均匀布置各类公共服务设施。

景观生态方面,研究成果进一步凸显了南桥新城既有的生态基底,绿化用地面积占新城用地面积的比例超过 1/4。在体系上建构以水为脉、以绿为心,依托黄浦江水源涵养带、金汇港、

图 例
- 空间发展轴线
- 经济发展带
- 生态景观带
- 生态绿环
- 绿化生态核心
- 主要功能节点

图 3　空间结构规划图

图例
居住用地 R
商住用地 RC
办公用地 C1
商业金融业用地 C2
文化娱乐用地 C3
医疗卫生用地 C5
教育设施用地
公共绿地 G1
防护绿地 G2
工业用地 M1
生产性服务设施用地
远景备用地
道路用地
水域
耕地
轨道交通
高压走廊
规划边界

图 4　用地布局规划图

图例
滨水生态渗透界面
生态绿地景观片区
滨水景观轴线
绿化景观轴线
城市景观轴线
标志性生态景观节点
主要城市景观节点
次要城市景观节点
门户节点

图 6　景观生态规划图

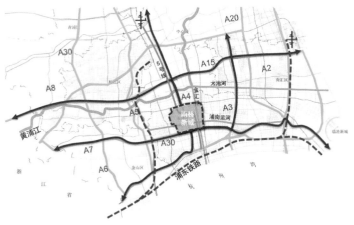

图 5　区域交通组织图

浦南运河为骨干的纵横交织的自然河网，串联起各个功能板块，凸显生态水系的环境景观功能，展现南桥新城的江南水乡风情（图 6）。

研究突破既有南桥镇的空间范畴，促进奉贤区域未来发展，形成以南桥新城为核心的主城镇组团，带动海湾、奉城两大次级城镇组团均衡发展格局，推进区域城乡统筹发展。远景设想提出"健康南桥、海湾奉贤"的发展思路，打造南桥新城＋海湾组团南北联动的空间格局，更好地发挥区域综合服务的新城职能。

05 上海市金山新城总体规划修改（2010—2020）

获奖情况
2013 年度上海市优秀城乡规划设计奖　二等奖
2012 年度上海市优秀工程咨询成果奖　二等奖

编制时间
2009 年 5 月—2011 年 12 月

编制人员
周晓娟、张长兔、俞进、姚文静、黄普、张彬、苏志远、
夏凉、赵晶心、徐俊、王威、杨柳

本次总体规划修改按照"实施评估、总体规划、专题研究"相结合的形式，同时注重城市总体规划、土地利用总体规划、区域"十二五"规划以及近期建设规划的相互衔接。规划区域的功能定位和发展目标以及发展思路等方面与宏观、中观背景相一致，契合时代发展潮流。规划严格执行环评要求，金山新城收缩两翼，向北发展，创造良好的居住和就业环境，提升区域综合竞争力。

一、规划背景

随着上海城市规划建设的发展重心从中心城向郊区转移，区域交通格局的变化，长三角一体化进程的推进，杭州湾北岸的战略地位凸显，给金山区的发展带来了新的机遇。同时，杭州湾环评对金山区提出了约束性要求。因此需要在更高水平上谋划金山新城的转型发展，带动上海南部地区的整体飞跃。

二、主要内容与结论

（一）立足区域，抢抓机遇谋发展

沪杭客运专线的建成通车，长三角大交通网络体系的完善，金山区由上海传统的交通"死角"，升级为长三角经济圈——上海、杭州、苏州、宁波这一环杭州湾区域的枢纽。金山区的发展迎来高铁时代、环湾时代、郊铁时代和海洋时代的发展机遇。

（二）城乡统筹，制定四大区域发展战略

一是内外并举战略，大交通条件的改善以及连接浙江的地缘优势，有利于金山区实现从一个扇面向两个扇面发展的转变。一方面依托长三角南翼，成为浙江方向对接上海的中转枢纽；另一方面，实现与中心城主要功能区的对接。二是双城驱动战略，分别为新城驱动和枫泾驱动，并通过区域交通网络和生态资源优势，共同带动金山区的发展。三是产城融合战略，产城融合的实质首先是居职融合，应重点关注产业结构，产业结构决定城市就业结构，就业结构决定城市居住模式。四是滨海开发战略。

（三）"两规合一"，与土地利用规划充分衔接

规划遵从"两规合一"和土地利用总体规划，城镇用地紧凑复合，较高密度发展，改变粗放的开发模式，并执行严格的基本农田保护政策。

（四）紧凑复合，两轴五区三带的功能结构

遵循功能分区清晰、用地结构紧凑、充分发挥生态环境景观功能的原则，依托金山大道、杭州湾大道，形成"两轴、五区、三带"的规划结构（图 1）。

（五）区域联动、创新转型的产业体系

突出比较优势、强化整合提升、注重融合发展、推进循环经济、产城统筹发展，依托石化产业及居住、商务、商贸等基础条件，重点发展第三产业和第二产业（图 2）。

（六）低碳便捷、北岸门户的交通系统

建立一个布局合理、层次分明、功能布局完善、服务水平优良、技术水平精良、管理水平领先，规模与区域发展目标相协调的综合交通体系。重点关注快速公共交通系统以及绿色慢性系

统等的设计。

（七）双向渗透、网状联结的生态系统

借鉴巴黎等国际城市的生态体系，绿地与生态系统规划与长三角和上海市的生态系统充分对接，实现区域生态锚固。规划梳理河网水系，形成城区三面环河、一面临海的海滨城市特征。

（八）文化为媒，特色凸显的城市风貌规划

规划形成"空间井然有序、环境舒适优美、形象丰富多彩、风貌新旧和谐"的现代城镇景观。将金山新城的景点分为三个风貌区，分别为历史文化风貌区、都市文化风貌区、海洋文化风貌区。

（九）民生为本，落实国家环保总局的环评要求

通过1公里限制区、2公里控制区和3公里防范区的规划措施，确保居民的环境安全。同时规划注重可操作性，分别对新城区、山阳镇、金卫镇提出规划策略和近期措施。

（十）确保重点、充分对接的近期建设

近期建设规划和金山区各专业系统部门进行对接，并与"十二五"规划相衔接，分别从城市建设、交通市政建设、产业发展、环境建设等方面落实近期重点项目和措施。

三、创新与特色

注重城市总体规划、土地利用总体规划、"十二五"规划、近期建设规划以及杭州湾环评的相互衔接，做到"四规一评"无缝对接。

规划跳出行政界线，将金山区和金山新城作为区域发展的一个节点，从区域视野谋求金山新城的功能定位、空间关系、生态协调和交通衔接等。

四、实施情况

在总体规划框架基本确定的情况下，积极启动部分单元的控规修编工作和重点地区的城市设计工作，使总体规划与下层规划能有效衔接。同时，部分重点区域的概念规划也在有序开展中，总体规划的指导作用已经凸显。

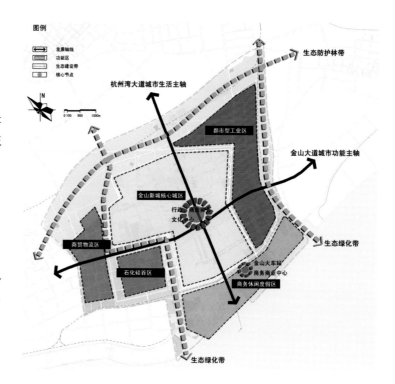

图1　功能结构分析图

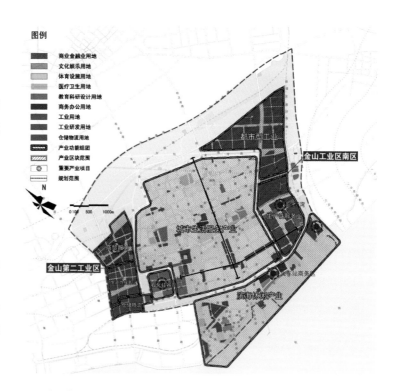

图2　产业布局规划图

06 上海市临港新城中心区及环湖和北岛地区控制性详细规划

获奖情况
2013 年度上海市优秀工程咨询成果奖 三等奖

编制时间
2010 年 2 月—2012 年 8 月

编制人员
王明颖、王嘉瀛、钱欣、黄轶伦、王佳宁、沈红、周翔、马士江、施燕

合作单位
美国 RTKL 国际建筑事务所

临港 NHC105 社区功能定位为在"振兴弘扬文化"的国家政策指导下，以影视等数字产品研发生产为核心功能，培育建设面向全国、服务于世界的高科技文化产业园区。建设超大规模的数字电影生产研发工场，打造影视文化服务平台；发展影视文化相关教育培训；打造生态环保型产业城区以及发展适宜的居住规模，形成便于交流的宜居社区。

一、 规划背景

临港中心区总体规划中居住功能占绝对主导，城市功能比较单一，服务功能的薄弱使得人口导入困难，城市活力难以激发。影视产业作为文化产业集群中影响力最大、附加值最高、带动面最广、竞争投资最多的产业之一，受到国家宏观政策的高度支持。经过众多比选，临港选择发展影视文化产业。

二、 主要内容与结论

NHC105 社区位于临港中心区的正北部，规划区总用地 1 225.2 公顷，总建筑面积652.5 万平方米，地块平均开发容积率约 1.75（图 1）。其中居住建筑面积为 317.1 万平方米，公共设施建筑面积 335.4 万平方米，人口规模约为 8.5 万人。

规划通过一环带和南北向发展轴形成倒 T 字形产业发展构架。南北向中央绿带作为产业发展的轴线大道，实现地域由南向北、产业由高端向低端演进的布局形态。北岛及一环带作为中心区的核心区域发展文化演艺、庆典广场、星光大道、总部办公等高端产业（设计效果示意见图 4）；二环于中央轴线处规划文化展示中心，三环带腹地较大，发展研发园区，作为文化数字产品生产加工的梦工厂；四环离市中心较远，规划专业培训院校和影视配套服务设施等。中央轴线作为重要的公共活动空间，综合城市公园、休闲广场、地下商业和低碳型的公共交通等功能，成为城区标志性景观和文化展示平台。轴线外围两侧布局配套住宅以及社区服务设施（图 2）。

三、 创新与特色

项目的主题是文化产业区，但编制方法完全不同于一般的产业园区规划，因为规划中产业区融于城区，产业用地性质大多表达为文化用地、研发用地及办公用地等公共设施用地（图 3）。所以，产业功能与城区功能不可避免地有所交叉渗透。规划中将公共设施划分为以文化产业为主导的功能街区和以城市功能为主导的公共设施街区，通过对这些街区的引导，使得产业和地区服务设施有相对的独立空间，但在整体上有序交融。

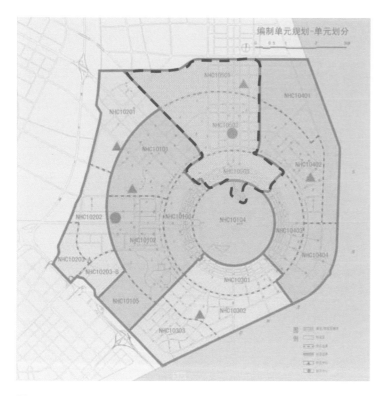

图 1　NHC105 社区区位图

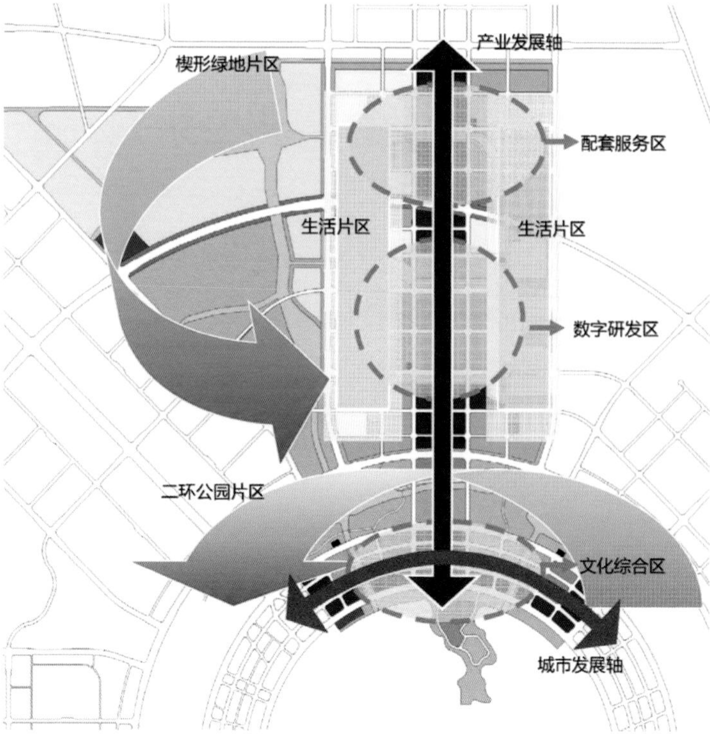

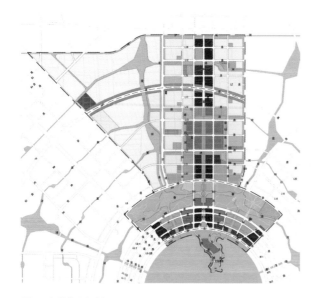

图 2　功能结构图

图 3　土地使用规划图

图 4　一环区和北岛城市设计效果示意图

07 上海市松江区新浜镇郊野单元规划（2013—2020）

编制时间
2013 年 4 月—2013 年 12 月

编制人员
刘俊、殷玮、金忠民、宋凌、陶英胜、杨秋惠、武秀梅

新浜镇郊野单元规划以土地综合整治为平台，突出"减量化""生态化""人文化"和"城乡一体化"特点，通过农用地整治、建设用地整治和专项规划梳理，实现"减少低效用地、污染排放和社会管理成本，增加发展空间、生态用地和农民收入，提高当地生产生活水平、用地综合效益和城镇化水平"的综合发展目标，成为推进新型城镇化发展和美丽乡村建设的重要载体。同时，创新规划实施保障政策和管理机制，确保规划落地实施。

一、 规划背景

上海市通过打造郊野单元规划平台，实现对郊野地区规划的全覆盖和精细化网格管理。郊野单元规划向上承接落实土地利用规划和城乡总体规划任务要求，向下指导集建区外土地综合整治和各类项目建设，是统筹集建区外郊野地区发展的综合性规划。新浜镇郊野单元规划是首批市级试点之一，为上海市郊野单元规划的全面展开提供了经验借鉴。

二、 主要内容与结论

（一）农用地整治规划

包括田、水、路、林等农用地和未利用用地的综合整理、农业布局规划、高标准基本农田规划、农田水利系统规划、农田防护与生态环境、设施农用地规划等内容，全面落实市、区两级土地整治规划任务要求，是郊野单元内后续土地整治项目实施的直接依据。

（二）建设用地整治规划

确定集建区外现状建设用地的分类处置和新增建设用地的规模、结构和布局，重点是通过对集建区外的现状零星农村建设用地、低效工业用地等进行拆除复垦，实现减量化。一方面，根据企业和农民搬迁意愿度调查结果，制定减量化目标；另一方面，根据减量化激励措施和实施机制，明确集建区外现状建设用地减量化相对应的类集建区的空间规模、布局意向、适建内容及开发强度区间等，初步明确用地供应方式，建立建设用地"增"与"减"之间的勾连机制，做到地类和资金初步平衡测算（图1）。

（三）专项规划梳理

专项规划与单元规划一致的，整合纳入并落图控制；单元规划对专业规划有调整的和专业规划缺位的，经与相关专业部门协调、对接后，进行分析和论证说明，并提出规划编制建议，待后续专项规划优化后，再纳入郊野单元规划（图2）。

三、 创新与特色

创新城乡规划管理体系，推动新型城镇化建设。郊野单元规划不同于以往的"增量型"城镇化建设模式，是借助土地综合整治平台，实现现状低效建设用地的减少与镇村两级集体经济组织资产和收益增加之间的挂钩，推动了新型城镇化发展，是对上海市现有城乡规划管理体系的一次重大创新。

整合、衔接既有审批管理体系，更加高效。郊野单元规划提供了一个开放性的综合管理平台，与既有的规划和土地审批管理通道进行了充分衔接与整合，建立了局内多部门联合审批管理通道，更加顺畅和高效。

强制性与引导性相结合。郊野单元规划既规定了减量化目标、补充耕地目标和高标准基本农田建设等约束性指标，增强了对规划"底线"的刚性控制力度，又针对郊野地区发展存在诸多不确定性因素的实际情况，仅对用地性质、用地布局以及设施建设等提出引导性要求，在规划管控上增加了弹性。

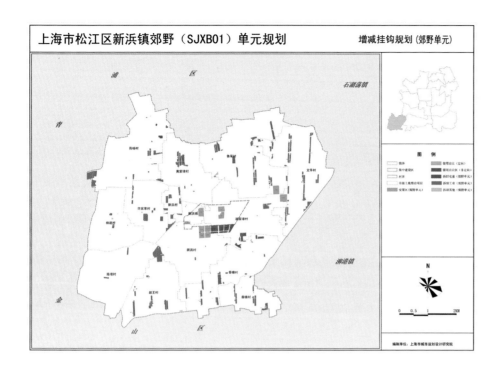

图1 增减挂钩规划图

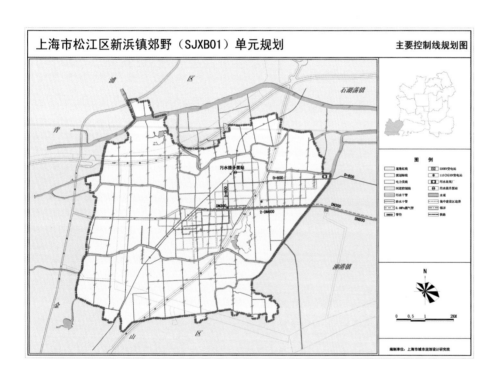

图2 主要控制线规划图

08 上海市奉贤区四团镇拾村村 村庄规划

获奖情况
2013 年度全国优秀城乡规划设计奖（村镇规划类）
一等奖
2014 年度上海市优秀工程咨询成果奖 一等奖
第六届上海市建筑学会建筑创作奖 优秀奖

编制时间
2013 年 3 月—2013 年 10 月

编制人员
孙珊、周晓娟、苏志远、何宽、秦战、张维、郑豪、刘帅、
陶楠、沈海洲、金敏、张睿杰

本次村庄规划采取适应村庄特点，通过现状深入调研形成较完整的村庄认知，并且衔接上位规划导向，以面向村庄生产、生活、生态的规划理念作为村庄规划主体思路。规划重点内容包括建设空间紧凑、农地规模化的土地使用规划，提升一产，拓展三产的产业发展规划，镇村统筹、匹配需求的公共服务设施规划，因地制宜、低碳生态的基础设施规划，营造田园、回归传统的乡村风貌设计引导。

一、规划背景

奉贤区四团镇拾村村是 2013 年全国村庄规划试点，旨在提出符合农村实际的规划理念，创新和改进村庄规划方法，形成有示范意义的村庄规划范例。拾村村是上海市远郊经济薄弱地区的普通村庄，但反映了在城镇化过程中各种典型的问题，包括人口老龄化和空心化、产业发展落后、村民增收缓慢、基础设施薄弱等。以拾村村为规划研究对象，可以以点带面，形成可实施、可推广的大都市郊区村庄规划编制方法与实施路径。

二、主要内容与结论

以镇总体规划、镇土地利用总体规划为依据，与土地整治、郊野单元、道路市政等各类专项规划相衔接，并协调农田水利、农业布局等规划内容，统筹安排生产、生活、生态用地（图 1，

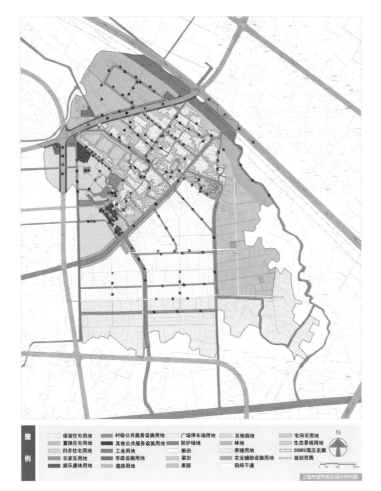

图 1 村域土地使用规划图

图 2）。拾村村将成为以现代农业和休闲养老为特色产业，社会和谐、生态宜居、环境优美、设施完备，上海郊区典型代表性的新时代示范村庄（图 3）。通过多因素分析，截至规划期末，人口规模约为 2 200 人。

村域规划主要内容包括：建设空间紧凑、农地规模化的用地规划；一产增效、二产转型、三产拓展的产业发展；因地制宜、适宜村庄生活生产需求的道路交通；尊重传统、分类配置的市政设施；融生态保护、景观游憩、休闲娱乐等为一体的乡村休闲旅游系统。

农村居民点规划内容包括：自然腾挪、有机更新的居民点布局规划；镇村统筹、匹配需求的公共服务设施规划；经济适用、

凸显特色的居民点整治（图4，图5）；就地取材、延续传统的建筑设计引导。

确定近期发展目标，包括近期住宅、市政基础设施和公共服务设施等各项建设项目的选址、规模和年度计划，测算建设资金，明确实施保障机制；落实土地整治规划中明确的高标准基本农田规模、布局及建设要求。

规划开展了7个专题的研究，分别是现状农宅综合评估、新型城镇化背景下上海村庄发展战略和定位研究、上海市远郊村庄产业发展研究、江南水乡村庄风貌景观研究、村庄市政设施研究、村庄农田水利工程研究、村庄发展实施策略和相关政策研究。

三、创新与特色

规土融合，以镇域"减量化"为目标，集约发展。通过整体研究，按照区域统筹的方法明确了总体上减量，局部重点地区和重点村庄不减的目标。拾村村试点在规划中充分落实了规土合一的要求。

城乡统筹，突破"就农村论农村"的传统做法，多层面研究。将农村发展置于区域城乡统筹的整体发展平台上进行定位。规划涵盖村庄建设发展的宏观、中观到微观的各个层面。村庄规划并非面面俱到，而是问题与需求导向的规划，建立有针对性的规划

图2 总平面图

图3 居民点规划效果图

图4 村庄入口景观设计

目标，增强规划的实用性。针对村民近期关注的四个重点问题建立规划策略，即提升经济、分类发展、完善配套、优化环境。

产业规划突破简单的对第一、第二、第三产业进行分类，引入现代农业的经济运行模式。同时通过项目运作，提高农村经营和营销水平，如订单农业、家庭农场等。通过村集体统筹整理土地的方式发展农家乐、休闲养老产业。

提炼江南水乡村落十大空间要素，演绎"拾村拾美"。针对村庄特征，提出十大乡村风貌构成要素，即田—水—路—林—场—宅—院—街—桥—社，分别提出规划策略、发展模式、具体保护措施。

联排A户型

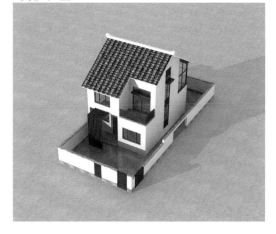

图5 新建住宅建筑设计

联排A户型一层平面图

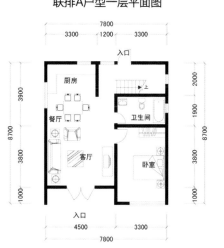

联排A户型二层平面图

预算约束，对现状保留居民点进行选择性改造。村庄整治采用"预算约束下的改造方案"，体现可操作性和可持续性。将整治预算费用控制在每户2万元左右（图6）。建立项目清单，落实建设机制，体现实施型规划特征。村庄规划实施本着经济节约、逐步推进的原则，根据实际问题的轻重缓急和财务计划有序推进、分期实施。拾村村近期重点是道路贯通、特色街巷改造、河道治理（图7）以及部分重点项目建设。

图则控制引导，细化规范要求。以村域图则和农村居民点图则（图8）来规范农村建房、公共设施等各项建设行为，同时

确保基本农田、生态用地等刚性要求，并对宅、院、街、桥等的整治进行引导。

四、实施情况

在完成试点村庄规划的同时，修订完成《上海市村庄规划编制技术导则》，并研究制定《上海市村庄建设管理导则》。在2013年试点的基础上，2014年在各郊区县选取10个左右的村庄，以拾村村为蓝本，进行扩大试点。

图6 建筑整治前后效果对比

图7 河道整治前后效果对比

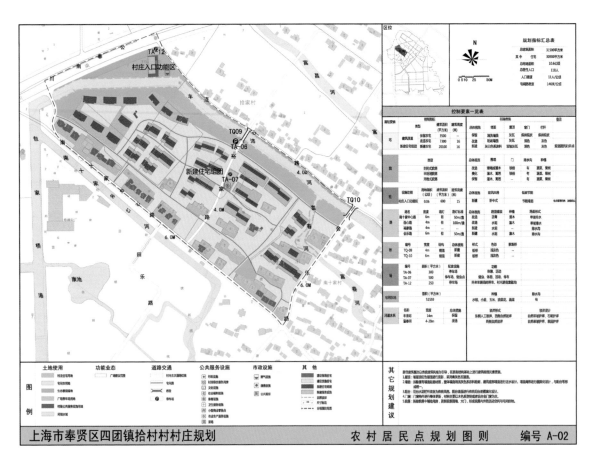

图8 居民点规划图则

09 上海市青浦区朱家角镇张马村村庄规划

获奖情况
2015 年度全国优秀城乡规划设计奖（村镇规划类）
二等奖
2015 年度上海市优秀城乡规划设计奖（村镇规划类）
二等奖

编制时间
2014 年 3 月—2014 年 12 月

编制人员
赵宝静、周晓娟、乐芸、薛锋、陶楠、李峥、沈高洁、
张静、秦战、杨柳、姚凌俊、李坤恒

张马村是 2014 年全国村庄规划试点村。在张马村村庄规划实践中，通过深入调研形成较完整的村庄认知，与上位规划充分衔接，提出"区域协同、产业提升、村民安居、存量挖潜、弹性规划"五大发展策略，规划重点内容包括村域发展规划、村庄特色规划、村庄整治规划、农房建设规划，并与同步编制的《美丽乡村建设规划》有效衔接，探索了上海大都市远郊转型发展村庄的规划编制方法。

一、规划背景

中共十六届五中全会在提到建设社会新农村重大历史任务时，对美丽乡村提出了"生产发展、生活宽裕、乡风文明、村容整洁、管理民主"的具体要求。张马村是 2014 年全国村庄规划试点村、上海市青浦区 2014 年度美丽乡村建设区级试点村。本规划按照住建部的相关要求，结合上海实际情况，进一步创新和完善村庄规划编制和管理方法。

二、主要内容与结论

（一）村庄定位：突显村庄特色

以上位规划为指导，与相关规划相衔接，张马村定位为上海青西地区村庄转型发展的先行者，以都市农业为基础，以休闲观光农业为特色，传承三泖文化，具有江南水乡风情的大都市远郊村庄。

（二）村庄总体布局：弹性规划，分步实施

落实区域性生态廊道、区域性基础设施控制要求，以及基本农田保护要求；以沈太路为对外交通发展轴线；形成一个公共服务中心，使之成为村内的公共服务核心和休闲旅游服务中心；合理布局村庄居住社区、生态林地、农业生产区、休闲农园、综合服务区、养生度假区等功能片区（图 1）。

近远期做好衔接（图 2）；近中期疏通村内道路，优化与松江区的交通联系，完成坟浜自然村及两个低效企业的减量化；远期落实沈太路的拓宽和南延伸，完成沿线村委改建、宅基拆迁等工程，完成综合接待设施等项目。

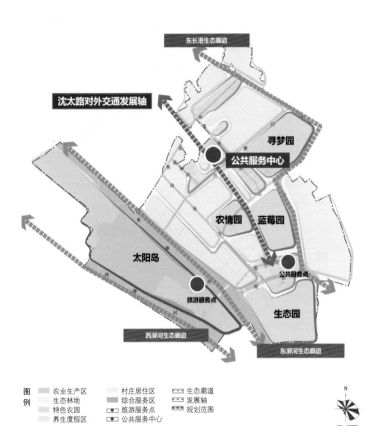

图 1 规划结构图

（三）产业发展：以村为单位，推动产业融合发展

依托第一产业，拓展第二、第三产业，实现产业联动发展，培育村庄自身可持续的"造血"机制。以种植业为主导，做精传统农产品（稻米、茭白），积极培育特色产品（蓝莓），适时发展有机农业，构建农产品配送系统，延长产业链；逐步淘汰村内落后工业企业。依托种植业，积极拓展农产品加工业及相关产品的开发，厂房宜设在邻近的工业园区；提升休闲观光农业，积极发展乡村旅游，依托朱家角镇的艺术氛围，积极拓展影视拍摄等文化创意产业。

（四）乡村旅游规划：整合现状资源，打造张马村品牌

整合村庄的各项旅游资源，以提升张马村整体旅游品牌为目标，提出"四季花果园，养生休闲地"的村庄旅游整体定位，以"四园一岛＋农户"为依托，完善旅游接待设施、组织水上交通线网、自行车慢行网络，策划泖河水文化、蓝莓农文化、花

图 2 土地使用规划图（左：近期 右：远期）

图
例

旅游服务中心	太阳岛	旅游信息中心	森林
主要景观轴线	农情园	汽车站	垂钓
骑行游线	蓝莓园	停车场	游泳
漫步游线	寻梦园	住宿接待	野营
水上游线	涵养林	餐饮设施	骑马
主要出入口		卫生间	采摘
		房车营地	
		休闲购物	

图 3 旅游系统规划图

田恋文化等 3 条特色游线（图 3）。

（五）农房建设管理：尊重传统，分类指导

规划对张马村现状农房的特色进行充分提炼，同时结合《上海市青浦区农村村民住房建设管理实施细则（修订）》的要求，提出修缮、改建、翻建和新建四种农房建设管理类型，分别制定管理导则（表 1）。

三、创新与特色

量身定制调研方案，全过程开展互动式规划。在常规调研工作的基础上增加有针对性的调研内容，如观光农园、家庭农场、田歌传承人访谈等，并在规划编制过程中充分与村民互动。

针对现有基础，创新村庄特色规划方法。规划提出以村为单位推动产业融合发展，并对乡村旅游的发展定位、设施规划、线路设置等提出设想，探索了旅游特色村的规划编制技术路径。

表 1 农房建设分类指导表

	适用场合	土地管控要素	建筑管控要素	风貌引导要素
修缮	房屋结构加固、立面粉刷等	不突破原宅基范围	不改变原有建筑格局	立面材质、屋顶、门窗、栏杆
改建	改变原有居住功能，增加旅游接待功能	不突破原宅基范围	不改变原有建筑格局	立面材质、屋顶、门窗、栏杆
翻建	拆除原房，就地重建新房；见缝插针式新建，也按照此标准控制	不突破原宅基范围；控制宅基地与道路、河流、农田等的间距	面积、层数、高度	多种房型选择；立面材质、屋顶、门窗、栏杆
新建	成片新建农房	位置与界线、面积、相邻关系	面积、层数、高度	多种房型选择

10 莎车县总体规划 （2011—2030）

2011 年受新疆莎车县人民政府委托，联合团队在专家顾问组、援疆指挥部指导下编制莎车县总体规划（2011—2030）。总体规划充分将问题导向与规划导向相结合，破解莎车的核心瓶颈，着重解决莎车目前面临的区域协作、核心产业发展路径、生态资源承载力及历史民族特色四大难题。

一、规划背景

2010 年 5 月，中央新疆工作座谈会议在北京召开，正式批准设立喀什经济特区，莎车县作为喀什地区东南部重要的农业大县，承担着融入大喀什经济发展的重要任务。2011 年规划院同专家组、研究所等相关机构，共同就城市定位、产业发展、城市规模、生态保护、区域交通等方面开展研究论证。

二、主要内容与结论

（一）莎车总体规划评估

评估报告基于莎车现状发展情况，在深入分析的基础上，指出莎车城市总体规划需要对区域发展、城市性质、城市规模、产业发展、区域交通、城市发展方向、历史文化名城保护、资源承载能力等方面进行完善和补充，以指导新形势下莎车的城市建设。评估报告指出总体规划应针对近期需要援建的项目进行空间落实。

（二）立足南疆绿洲经济视角，制定城市定位与发展目标

在南疆地区统筹发展的背景下，拓展并建立新型南疆绿洲城镇组团体系，强化莎车作为叶尔羌河流域经济中心和辐射能力，规划通过"经济莎车""和谐莎车""文化莎车""生态莎车"四个发展方向，将莎车打造成为区域中心城市。

（三）针对莎车荒漠化生态特质，探索城市发展模式与容量

规划对生态功能区、敏感因子、水资源承载力、土地资源承载力、生态足迹等进行研究，提出人口、城镇及产业的总量控制与进入门槛。

获奖情况
2013 年度全国优秀城乡规划设计奖（城市规划类）三等奖
2013 年上海对口援建喀什四县（总体类） 优秀奖

编制时间
2011 年—2012 年 7 月

编制人员
张玉鑫、张式煜、石崧、陈卫杰、李锴、赵昀、周毅人、忻隽、缪云涛、姚芝、陈晓峰、周家银、张璐璐、黄瑶、王剑、曾浙一、沈果毅、张逸、罗翔

（四）寻找内生动力，构筑南疆特色产业化城镇化发展模式

打破现状农业独大产业模式，构筑围绕南疆现代农业为基础、以新型产业化发展模式带动城镇化发展、不同阶段产业重点对指向不同的城镇化模式（图1）。

（五）分区发展突出核心，重点发展中部

县域空间形成"一心三翼"的结构，划分为4个经济区，分区重点发展核心乡镇。其中重点发展中部经济区，优化县城、2个重点镇、3个工业园区及区域交通枢纽，促进莎车发展(图2)。

（六）突出功能集聚，优化空间结构，辐射叶河流域

加强县城对叶河流域的功能辐射，强化公共服务功能集聚，引导城市中心的形成。

（七）建设融合社区，完善服务配套

以社区组团为基本空间单元，打造"尊重民族特色、集约土地使用、住房多元混合、适度紧凑规模、慢行交通结合、网络生态绿化"的城市社区组团体系。保障性住房结合社区组团进行布局，倡导民族融合，稳步推进旧城改造。

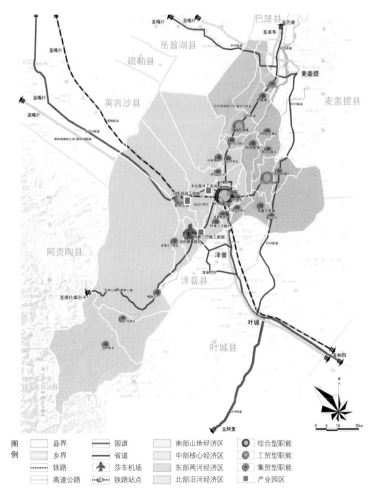

图1 县域产业发展空间布局规划图

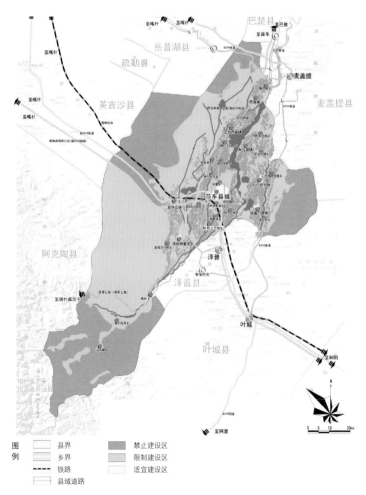

图2 县域空间分区管制规划图

（八）传承多元历史文脉，合理保护莎车古城

划定古城保护区域，提出历史文化街区风貌保护及更新对策，积极申报自治区历史文化名城，塑造莎车特有的城市文化。

（九）延续绿洲特色肌理，打造绿洲生态城市

县域内依托道路、农田、水渠强化绿洲林网和防风林带，构筑网络生态格局。县城内构筑"环环相扣、轴带相连"的绿地系统格局，结合南疆历史特色打造生态城区。

（十）构建"空港引领、公铁联运、高效便捷"的立体式复合型区域交通体系，打造叶河流域的综合交通枢纽。

三、创新与特色

本规划同步统筹县城区总体规划和县域城乡体系规划，是南疆地区首次按照城乡规划法要求编制的总体规划。

规划将问题导向与规划导向相结合，破解莎车的核心瓶颈，以此作为总体规划编制的突破口。着重解决莎车目前面临的区域协作、核心产业发展路径、生态资源承载力及历史民族特色四大突出问题，以问题为导向，突出重点，加强针对性。

规划强化资源约束条件下的区域可持续发展，建设新型绿洲。针对莎车所面临的资源受限，尤其是水资源受限的问题，延续高山—绿洲—戈壁生态系统，统筹区域水资源平衡，以水定地，产城（镇）融合，合理构建县域产业体系，以农业节水、地域特色和资源禀赋为抓手，逐步建立一、二、三产联动的产业发展模式。

针对莎车"小集中、大分散"城乡低水平均衡特征，提出"核心区向心集聚、外围区就地就近"的城镇化模式。结合产业发展模式，县域中心片区向县城及县域北、东、南三翼片区村镇发展就地就近集中，第二、第三产业向片区核心集聚。

规划率先对莎车提出申报国家级历史文化名城。

创新工作机制，探索形成多方合作。规划过程中充分听取各方意见和建议，形成由当地两级政府、前方指挥部、当地及上海规划指导专家、地方代表四方组成的及时反馈交流协作的工作机制。

四、实施情况

通过总体规划的编制，促进县建立规划编制及管理体系，在城乡建设局下成立城乡规划委员会，全面保证规划编制、管理和实施。为了实施总体规划，莎车县制定了"三步走"的五年行动计划，充分体现了总体规划的战略纲领作用。

11

泽普县县域村镇体系规划
（2012—2030）

获奖情况
2013 年上海对口援建喀什四县（总体类） 优秀奖

编制时间
2012 年 3 月—2012 年 12 月

编制人员
张玉鑫、张式煜、曾浙一、戴明、王武利、石崧、沈果毅、李锴、张逸、忻隽、张璐璐、郝洪海、吴岳俊、谭志兵、陈洁、王剑

随着全国对口援疆工作启动，新疆自治区党委、政府提出大力推进新型城镇化的发展思路。泽普县是上海市对口援建的四县之一，在市委、市政府"民生为本、产业为重、规划先行"的方针下，援建项目顺利实施，社会发展平稳转型，城乡建设全面推进，泽普县全域规划覆盖的需求日趋强烈。县域村镇体系规划作为全县规划体系的统领，将发挥统筹各层次规划编制，指导县域城乡协调发展的重要作用。

一、规划背景

泽普县位于祖国西域边陲叶尔羌河畔的绿洲上。县城距首府乌鲁木齐 1 692 公里，距喀什市 218 公里。莎车机场的规划建设，吐和高速、喀和铁路的正式通车，带领泽普迈入了引领莎—泽—叶—麦城镇群一体发展，面向东西两个"十三亿"巨大市场的转型发展机遇期。

二、主要内容与结论

泽普县优势特点和发展瓶颈突出（泽普县区位图见图 1）。一是地域面积小，但城乡差异比较大，基础设施落后。二是产业有一定基础，但县属产业的体系较为松散，农业以初级生产为主，工业过分依赖油气加工；商贸服务业态传统，难以提升带动城镇发展。三是资源类型多，各类农业资源兼备，人文、自然旅游资源类型丰富，但资源额度少。

提升区域定位，聚焦核心产业。发挥区位优势，发扬城市特色，将泽普发展成新疆独特的文化休闲旅游目的地，南疆重要的农副产品精深加工和石油化工基地，叶尔羌河上游流域的专业化商贸物流中心。

有序组织"空间聚散"，合理布局城乡体系。明确片区发展导引，主体片区以发展建设为主，东、西两翼以控制保护为主；形成县城—奎巴格镇双核驱动，以及南北交通轴、东西功能轴错位发展的格局（图 2）。

优化村镇等级体系。集中优势资源，重点发展县城、奎巴格镇，战略性预留 2 个镇作为发展备用空间。实施城乡分类引导，明确二、三产要素在重点发展地区布局，控制非重点地区因过高定位导致整体低效发展。

优化综合交通系统，增强对外对内辐射效应。提升部分县域主干道路为省道，打通关键节点，串联重点地区，使泽普成为莎塔公路、234 省道两大走廊中间的重要枢纽以及服务西部口岸的区域战略物资物流集散中心。

全面提升设施水平，缩小城乡公共服务差距。紧密结合重点地区发展和乡镇、村公共设施阵地建设，布局商业商贸、基础教育、医疗卫生、文体福利设施，提升全县域公共服务水平。

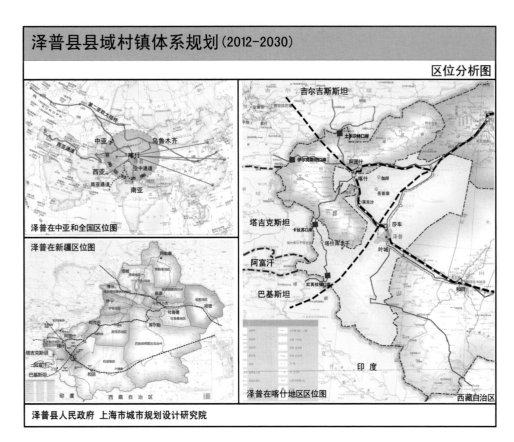

图 1 泽普县区位图

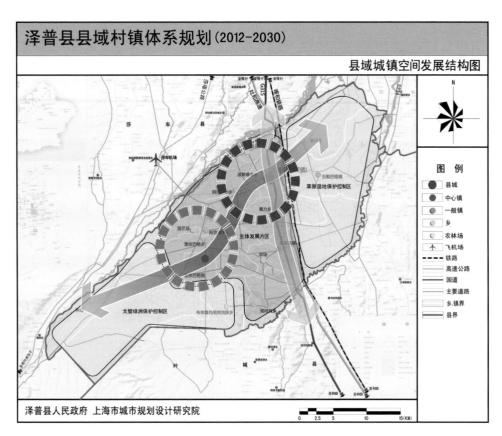

图 2 县域城镇空间发展结构图

12 四川雅安荥经县
灾后重建规划

获奖情况
2014 年度上海市优秀工程咨询成果奖 三等奖

编制时间
2013 年 5 月—2013 年 7 月

编制人员
张玉鑫、金忠民、张逸、王曙光、邢振华、黄普、易伟忠、
王征、曹宗旺、李天华、吴晓松、郭淳彬、何宽、陈佳丽、
张威、邹钧文、许明才、卞硕尉、杨帆、徐俊、陈烨暐、
赵亚栋、史晟、周杰、徐晓峰、郑迪、郑亦晴、马士江

"4.20"芦山地震后，根据住建部指示和四川省建设厅要求，上海市城市规划设计研究院牵头组成联合工作组开展雅安市荥经县灾后恢复重建规划编制工作。荥经重建规划在尊重原规划的基础上，聚焦重点、因地制宜、突出不同区域的特色；针对城区和乡村的不同地域特征，宜散则散，宜聚则聚，形成重建示范标杆。规划在关注防灾内容的基础上重点突出区域特色塑造，是一次以特定地域特征为引导的震后重建规划探索。

一、规划背景

2013 年 4 月 20 日，四川雅安突发 7.0 级地震，震后第一时间，上海市城市规划设计研究院根据住建部指示和四川省建设厅要求，在市规土局的组织动员下，与上海工勘院、上海测绘院等组成联合工作组开展雅安市荥经县灾后恢复重建规划编制工作。

二、主要内容与结论

根据四川省建设厅的总体要求以及荥经县政府的实际需求，明确本次援建规划编制工作的重点和内容，成果主要内容为"1+3+6+3"。即"1"个总体援建规划设想，"3"个县城恢复重建区规划，"6"个乡、村恢复重建区规划，"3"项相关专题研究。

（一）"山水城区"打造

1. 山地交通、步移景异

规划力求道路与山水地势相融，做到"既通又顺、绕山顺水"。首先加强高速出入效率，成为城市救灾的重要咽喉通道；其次优化 108 国道与青龙河的融合；再次在组团形成与地区传统肌理、地形特点相配合的街区支路；最后在街区之间设计完善的步行和非机动车网络，步移景异。

2. 功能复合、便捷服务

功能重塑是灾区重建的重要方面，在青龙组团的规划布局中，构建了"廊 + 街 + 轴 + 点"的格局。

3. 调风顺雨、山水交融

规划有效利用地形，保护利用山水资源，强化地区特色意象，发展生态活力带，形成多样化的绿地网络，构成避难体系。

4. 山镇水城、凸显底蕴

在重建策略上，做到建筑肌理的历史延续，将建筑融入地区总体山水格局之中。在建筑群体设计上，讲究"藏风聚气，契合风水"的四川建筑文化特点的延续，注重以院落形式为主的四川民居组团形式，突出围合感。

（二）历史文化传承

1. 核心建筑保护，重塑历史风貌

通过保护核心建筑和核心建筑群，重塑历史风貌，增强地方特征辨识度。老城区围绕国家级文保单位——开善寺和姜家大院展开规划设计工作，以核心建筑的建筑形式、建筑色彩、核心建筑群的街道尺度和建筑高度为参照。

2. 空间功能适应，恢复历史肌理

规划结合对历史建筑、建筑群的保护和对历史空间的重塑，

图1 民建彝族乡建乐村安置点鸟瞰图

发掘其保护开发的新型功能，同时结合新型功能对历史肌理进行修正，使两者能够相互适应，达到空间肌理和空间功能的统一。

3. 生活功能维系，完善配套设施

规划重视历史地段生活功能的重塑和维护，倡导动态的、有生命的保护形式，对区域内的公共服务设施重新进行梳理和提升。

4. 步行空间创造，还原生活场景

规划注重原有生活交流空间的保护和重建，恢复历史巷道、广场以及其他公共场所，为当地居民和外来游客提供步行、游憩和交流的空间。

（三）宜居村落塑造

荥经县的乡村居民点根据不同的地貌可以划分为三种类型：河谷平坝型村落、丘陵型村落、山区型村落。在塑造宜居村落时当注重以下三条原则。

1. 落实避震减灾的安全首要原则

在居民安置点规划时，注意结合广场、绿地等设置防灾避难空间，提供便捷可达的避难场所；利用安置点的对外车行道路和步行通道作为疏散通道，与防灾避难空间形成良好的呼应。

2. 塑造依山傍水的自然形态

荥经县村落环境一般都是依山傍水，向阳避风。规划尊重这一自然特征，在落实避灾减灾的安全原则的前提下，顺应地形，叠山理水、藏风聚气，塑造自然生态的宜居村落空间。

3. 延续地方村落的乡土特色

荥经分布有一些彝族村寨，村落布局具有明显的乡土特色，因此本次规划强调对这些特色的延续，主要包括住宅户型和建筑风格等方面。住宅户型以独院、二层建筑为主，住宅的平面格局以三开间为主。

三、实施情况

2013年11月，安靖乡民建村、民建彝族乡建乐村（图1）、泗坪乡断机村、天凤乡凤槐村、新添乡新添村五个农村集中安置点房建工程全面动工，现已全部完成。

13 环淀山湖地区 概念规划

编制时间
2010 年 3 月—2010 年 12 月

编制人员
俞斯佳、张娴、林华、韦冬、俞进、张逸、忻隽、陆勇峰、
张璐璐、张彬、张智慧、乐芸、王威、杨柳

推进长三角地区的合作发展，是《环淀山湖地区概念规划》的出发点。在研究处于沪苏两地的淀山湖地区的发展现状基础上，从区域统筹的角度，探讨如何在功能、产业、布局等规划中推进地区合作，为长三角地区合作发展积累经验，推进区域共融。

一、规划背景

环淀山湖区域，位于沪苏两地交界地区，毗邻浙江。环淀山湖地区资源共享、文化相通，但隶属于不同的行政区管辖，在生态治理、道路联通、基础设施建设等多方面存在众多壁垒。2010 年，为推进该地区合作发展，在沪、苏等地的努力下，共同编制了《环淀山湖地区概念规划》。该规划研究了如何从区域统筹的角度，在环境、功能、产业、布局等方面推进跨行政区域的合作，这是规划领域的突破性尝试，其立足点、技术方法和推进方式等都具有鲜明的特色。

二、主要内容与结论

规划聚焦边界地区，抓住了区域融合的关键。长期以来，各行政区未能对淀山湖地区的价值形成统一认识，影响了整体竞争力，是区域分割的典型代表。规划致力于推动各行政主体在多方面达成共识，实现"沟通—理解—合作—共赢"的发展蓝图。

规划注重专题研究，从 6 个方面建立地区发展的深入认识。从现状研究入手，开展了产业、生态、旅游、文化、区域发展、定位 6 个专题研究，提出了针对性的发展理念和措施。

以生态共保为基础，统筹环境发展。规划中以淀山湖为核心划定分层次生态控制区。根据淀山湖区域相关生态资源保护条例及环湖生物多样性及敏感性分析等，将"环湖地区"以淀山湖为中心分成生态涵养区、环境保育区、环湖发展区 3 个圈层区域（图 1）。

以资源共享为核心，统筹社会发展。首先明确了淀山湖临湖土地的使用原则，提出要以低碳开发带动岸线发展，以高端商务酒店、康疗度假村为引擎，积极发展商务会议、休闲度假、康体疗养等功能。其次，对周围湖荡地区也提出了要求，即加强环保，结合古镇特色，积极发展水乡休闲、生态渔业、文化创意产业等。

以发展共赢为目标，统筹经济发展。规划建立起对湖区价值的统一认识，明确打造体验性、生态化、具有独特文化魅力的国际知名湖区，并根据地理环境和发展情况，划定了七大功能湖区的概念，每个湖区都把优势资源进行整合。

以基础设施共建为抓手，统筹空间布局（图 2）。根据总体功能定位和规划结构，规划以道路为骨架形成 3 个圈层，即沿湖的低碳圈、联系主要城镇和产业区的城镇产业圈，以及疏导过境交通的高速公路圈。

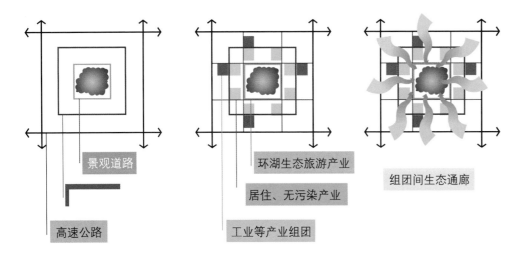

景观道路

高速公路

环湖生态旅游产业

居住、无污染产业

工业等产业组团

组团间生态通廊

图1 三个圈层的结构示意图

图例
特定功能区　生态绿地
独立产业区　农田
城镇建设区　水域

图2 用地功能布局图

三、创新与特色

关注操作实施，以规划导则作为一致的行动纲领。由于项目的特殊性，《环淀山湖地区概念规划》不属于现有规划编制体系，为加强规划的可操作性，设计提炼了方案的基本理念，从生态环境、产业发展、开发控制、基础设施、风貌特色、建筑工程设计、实施对策等方面，细化落实形成规定性条文，使其成为区域统一的行动守则，切实引导地区发展。

民生保障与基础支持

　　"以人为本"是上规院始终坚守的规划原则与理念。规划的重点在于统筹城乡发展中的资源要素以实现健康有序发展，而规划的核心就在于为城乡居民服务。因此，民生保障及基础设施建设等惠民工程是规划工作中的重要内容。

　　上规院在全市的住房发展，尤其是保障性住房的规划建设方面承担了大量的工作，其中佘山大型居住社区、黄渡大型居住社区等保障性住房项目不仅满足了居民的基本住房需求，还针对住房对城市空间的影响及居民的特殊需求进行了更深入的研究。在公共服务设施领域，上规院借助良好的研究基础，以及新型数据和技术的应用，在养老设施、公共体育设施等多方面进行研究与实践。通过国际大都市发展区域的研判，并结合上海自身的发展特点与发展阶段，对上海的公共服务设施提出了开拓性的规划方案。在基础设施建设方面，上规院在黄浦江越江通道建设、地下空间开发利用等方面提出了创新性的规划方案，同时在城市供水、移动通信基站、地面沉降监测防治等方面，其规划工作也在全国具有领先水平。

　　为每一个居民提供便捷宜居的生活环境是所有规划行业从业者的执着追求，上规院在实践中将职业理念内化为行动，在工作中不断积累，充分了解居民需求，并结合新兴技术探索创新，使研究与实践更好地造福百姓。

01 上海市住宅发展规划研究

获奖情况
2012 年度上海市优秀工程咨询成果奖　一等奖

编制时间
2011 年 4 月—2011 年 7 月

编制人员
姚凯、顾军、夏丽萍、张逸、许菁芸、
朱丽芳、黄珏、范晓瑜、赵昀

为统筹考虑人口发展规模、城市土地资源等一系列问题，贯彻落实保障性住宅的建设任务，本研究从总体、现状保留、规划新增三个层面分析住宅用地的资源情况和套型结构，推导住宅资源要素下的城市极限人口，并以市政设施、交通容量、公共服务设施等约束条件论证城市对极限人口的支撑能力。针对全市、中心城、近郊和远郊的不同情况，提出区别性的空间布局引导，为上海市未来的住宅规划及建设提供参考和借鉴。

一、规划背景

面对上海城市资源的瓶颈问题，如何处理好人口规模和住宅发展是上海城市未来发展的战略性问题。为统筹考虑人口规模、城市发展布局、住宅结构分布等一系列问题，贯彻落实近几年保障性住宅的建设任务，开展本次住宅规划发展研究。

二、主要内容与结论

（一）资源分析

住宅用地资源梳理，共采用局大机系统现状数据库、局大机系统批次供地库、院现状用地数据库、院规划用地数据库，四个数据库作为基础。运用 GIS 软件进行叠合分析计算。梳理统计全市规划住宅用地总规模、保留住宅用地规

模、新增住宅用地规模、新增住宅用地来源等基本情况。提出全市层面以 2020 年为期限的既有规划，综合土地利用总体规划、基本生态网络结构规划的发展条件，基本是上海市未来用地规模与空间规模的终极状态。相对于较大规模的规划新增住宅用地资源，实际便于使用的新增住宅用地不足 40%，应注意合理利用土地资源（具体土地资源梳理方法见图 1）。

（二）供应结构

通过对全市现状住宅供应结构的分析和对新加坡等城市住宅供应结构的借鉴，结合资源梳理情况，尝试提出上海住宅目标套型比例建议和新增住宅套型比例建议。提出全市居住结构优化以"中间多、两头少"的橄榄型结构为目标，与大多数居民自主性、改善性的住房需求相匹配，与上海未来土地资源较稀缺、人口规模增量仍然较大的社会经济特征相适应。调整上海居住结构的重点是大幅降低建筑面积 60 平方米以下的住宅套型比例；多途径增加建筑面积 60~120 平方米（尤其是 60~90 平方米）的住宅套型比例；稳步保持建筑面积 120 平方米以上的住宅套型比例。

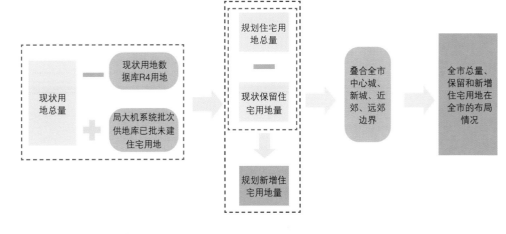

图 1　住宅用地资源梳理方法

（三）承载规模

根据未来全市住宅套型比例的目标方案，兼顾土地利用的集约高效和居住环境的舒适友好，推算未来上海市 590 平方公里规划住宅用地可容纳的极限城镇居住人口规模约 2 950 万人。综合市政资源、综合交通、公共设施等因素，预测人口规模接近规划资源承载力的极限，必须有力地规划保障措施和建设资金投入，同时也必须合理使用规划新增住宅用地资源，引导住宅有序建设。

（四）布局导向

通过对全市现状住宅布局的分析（图2，图3）和对新加坡等城市住宅布局的借鉴，提出未来的住宅发展布局应遵循"圈层相对均质、主导套型面积向外递增；结合发展特点，适当调整主导套型比例"的原则，坚持中心城—新城—新市镇的城镇结构发展方向，引导中心城人口不断向外疏解。

（五）实施研判

通过对 2009、2010 年的第一、二批大型居住社区的布局和规模分析，提出中心城拓展区及郊区新城、重点新市镇是较适合大型居住社区布局的地域空间，也是保障性住房建设重点关注的区域。未来大型居住社区选址以"适度规模、相对分散"为原则。大型居住社区是优化全市住房供应结构的重要手段，主要面向中等收入人群，符合上海未来新增住宅主要以中等户型为重点的发展方向。未来大型居住社区住宅套型发展近远期各有侧重，近期选择启动条件较好的用地，以中小户型为主，优先满足保障性住房建设需求；远期积极推进工业用地改造，根据大社区的不同区位，适当调整套型结构，保证大型居住社区综合功能实现。

三、创新与特色

本研究从总体、现状保留、规划新增三个层面分析住宅用地的资源情况和套型结构，在此基础上推导出住宅资源要素下的城市极限人口，并以市政设施、交通容量、公共服务设施等约束条件论证城市对极限人口的支撑能力。针对全市、中心城、近郊和远郊的不同情况，提出区别性的空间布局引导，为上海市未来的住宅规划及建设提供参考和借鉴。

图2　全市现状住宅用地分布图

图3　全市住宅用地资源分布图

集粹扬帆
上海市城市规划设计研究院规划设计作品精选集 Ⅲ

02 上海市松江区佘山北大型居住社区 控制性详细规划

获奖情况
2011 年度上海市优秀城乡规划设计奖　一等奖
2011 年度上海市优秀工程咨询成果奖　三等奖

编制时间
2010 年 6 月—2010 年 10 月

编制人员
顾军、苏甦、曹晖、吴双、吴晓松、李静、张铁亮、范衍、
赵晶心、应慧芳、宋凌、金敏

佘山北大型居住社区是上海市第二批启动的大型居住社区之一，是上海市保障性住房建设的重要基地。规划充分尊重地区自然、人文特色，营造和谐、宜居的大型居住社区；针对社区不同使用人群的个性化需求，规划在空间尺度、环境营造、出行模式和服务配套上充分体现出人性化设计的理念；同时规划充分注重控制性详细规划服务于管理的需求，形成"1+1"法定图则和"6+X"指标体系，在落实城市设计的附加图则编制上开展了有益的探索，具有一定的开创意义。

一、规划背景

保障性住房建设是上海市"十二五"期间的重点工作，大型居住社区是保障性住房的主要空间载体，佘山北大型居住社区是上海市第二批启动的大型居住社区之一，是上海市保障性住房建设的重要基地。

二、主要内容与结论

规划集中体现"保障优先、生态渗透、设施共享、共生发展"的原则，优先考虑保障性住房的建设，重视地区生态要素的渗透，强调设施共享和发展时序的合理安排，体现人性化设计理念。

（一）功能定位

以佘山地区特有的山水生态环境为特色，以满足市民居住为主导功能，辅以配套佘山国家级风景旅游度假区建设，建设集服务、就业、交通于一体的综合性城市社区。

（二）用地布局

通过发展轴线和生态廊道组织用地的空间布局，形成一个地区级公共活动片区和 4 个居住片区，布局强调核心带动，营城谐居；借山导水，自然渗透；集约开发，适度混合（图 1）。

（三）居住用地

优先满足保障性住房，合理布局普通商品房，引导各类住房有序发展。保证保障性住房建筑面积占新建居住建筑面积 2/3 以上。规划新增住宅建筑面积 335 万平方米，住宅总套数达 4.5 万套，可以解决 12.5 万人口的居住。

（四）公共服务设施

根据基地实际需求以及周边现有设施资源有选择性地配置城市级公共服务设施，根据人口规模按标准配置居住区级及以下规模的公共设施。同时结合佘山度假区设置商业、休闲娱乐、宾馆、度假村、疗养中心等共享型设施，并适当预留旅游服务设施用地。

（五）道路交通

社区建设紧密依托城市交通廊道，突出"低碳先行，公交优先；保障通勤，短顺直捷；绿色生态，提倡慢行"的规划理念，重点解决社区与轨道交通 9 号线的接驳，并构建直达公交、快速公交、常规公交、社区巴士多层次、多模式的公共交通系统和便捷舒适的慢性交通系统。

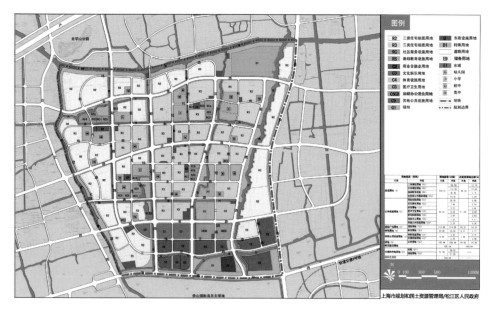

图1 土地使用规划图

上海市规划和国土资源管理局/松江区人民政府

（六）重点地区

在基地南面形成服务大型居住社区居民生活及配套佘山风景旅游度假区的公共服务中心。通过城市设计打造具有小镇风情的公共活动区域。

三、创新与特色

采用"密、窄、弯"的道路布局模式、合理控制街道界面以及完善开放空间序列，实现人性化的空间尺度。通过"借山、理水、引绿"的设计手法使宏观环境自然化（图2），微观环境的营造以佘山地区的"兰笋文化"为主题，创造自然与人文和谐的环境。绿色高效的出行模式中提倡慢行、交通宁适以及保障通勤、公交先导。

规划编制服务于规划管理，强调精细化，突出空间管制的重要性。形成"1+1"法定图则模式，即1张单元全覆盖的普适图则与1张重点地区附加图则（图3，图4），文本突出对图则的使用说明和应用注释，精简内容，优化表述方法。形成"6+X"指标体系，其中普适图则包含地块面积、用地性质、容积率、建筑高度、设施控制、界面控制6大基本指标；附加图则按照城市设计对重要地区提出规划管理要求，强化全方位的空间管制控制要素。本规划提出对公共通道、建筑界面、贴线率、开放空间、出入口、标志性建筑、公共停车位、地下空间等指标进行控制，在附加图则控制指标的探索上具有一定的开创性意义。

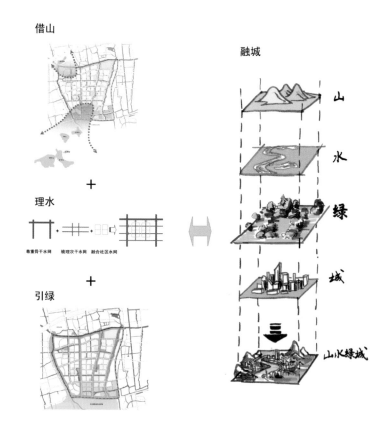

图2 社区自然环境引导图

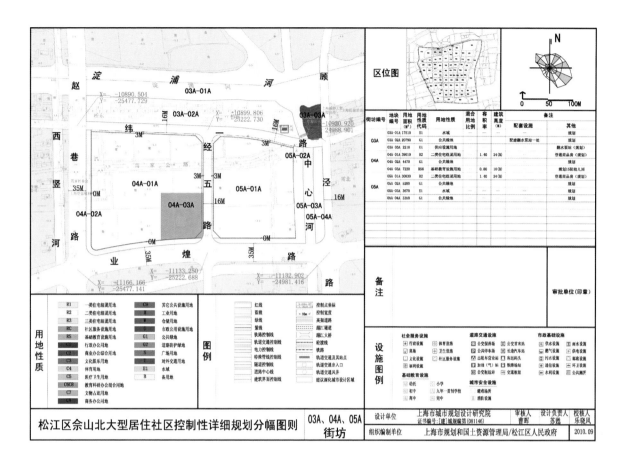

图3 普适图则示意图

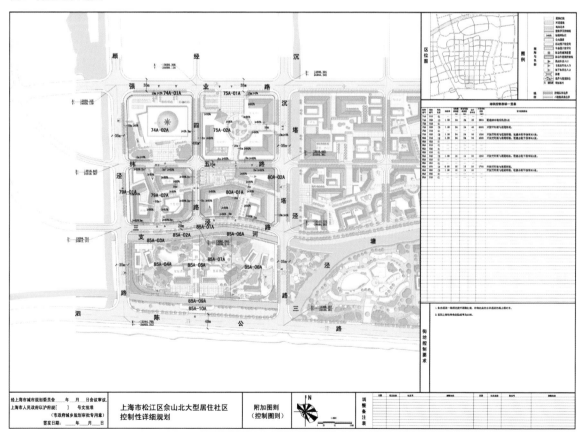

图4 附加图则示意图

03 上海市松江区松江南站大型居住社区(凤翔城)控制性详细规划

在上海"十二五"期间，保障民生一直作为城市发展中的重点工作，其中保障性住房的建设更是重中之重。松江南站大型居住社区是以保障性住房为主的居住社区，位于上海市松江新城南部高铁片区。本次控详延续概念方案中确定的"融合共生、复合集约、低碳生态、幸福宜居"规划理念，通过适度的发展规模、完善的配套设施、生态的空间环境，以及城市空间的引导，着力营造多元人群融合发展的城市社区、低碳生态的宜居社区，以及有鲜明城市意象的文化社区。

一、规划背景

松江南站大型居住社区是全市 31 个基地中面积最大的一处，位于上海市松江新城南部高铁片区，内设沪杭客运专线（2010 年通车）松江南站和轨道交通 9 号线松江南站。本次控规在 2011 年 8 月国际招标中标方案基础上编制，于 2012 年 1 月获上海市政府批复。

二、主要内容与结论

规划人口容量约 18.5 万。规划用地 1 354.82 公顷，其中，城市建设用地 1 207.49 公顷。规划居住用地 402.98 公顷，约占建设用地的 33.37%。规划总建筑面积约 952 万平方米，形成"双轴、双心、多廊、多片"的空间结构（图 1）。

融合共生：方案充分考虑与新城的融合发展，融入松江新城的整体发展框架之中。依托周边地区多种类型的就业岗位，包括服务业、商务办公和高科技新能源产业等，促进大型居住社区居民的就近就业。根据社区人口分批进住的时段特征，以"导入、融合、多元"为导向，针对居住人口的类型进行合理的住宅类型、配套设施、交通设施的建设，营造有机生长的城市社区（图 2）。

复合集约：宏观层面形成"产城融合"的空间布局；中观层面促进居住、商业、办公、游憩和交通等功能的紧凑布局、集约发展；微观层面重点在高铁站和凤栖湖周边地区，组合多种功能，创造多样化的生活环境。

低碳生态：规划通过衔接区域铁路（沪杭客运专线）和市域轨道交通（轨道交通 9 号线、22 号线）引导地区居民高效便捷出行，采用公交主导的低碳出行模式。

幸福宜居：规划针对不同人群类型配套相应设施，与松江新城现有设施形成差异化配置；规划针对松江新城内已建新城商业中心和老城商业功能较为单一的特点，规划高铁站商业商务中心和凤栖湖休闲商业中心。利用保留工业建筑推动社区服务和教育设施先行建设。同时规划在城市设计引导中借鉴松江方塔园兴圣教寺塔的空间尺度，设置核心标志性构筑物。

获奖情况
2012 年度上海市优秀工程咨询成果奖　三等奖

编制时间
2011 年 6 月—2011 年 12 月

编制人员
凌莉、乐晓风、曹晖、徐晓峰、吴晓松、曹宗旺、沈红、王征、马士江

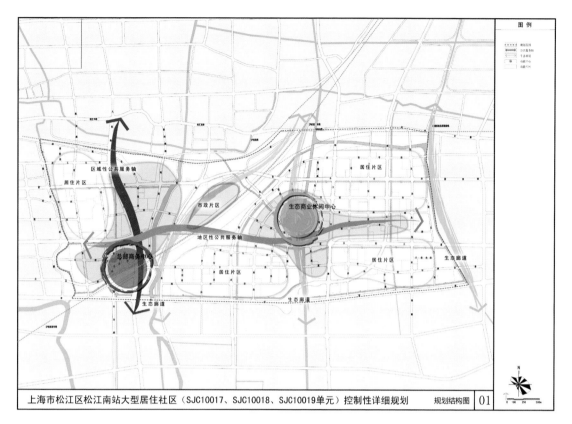

图1　规划结构图

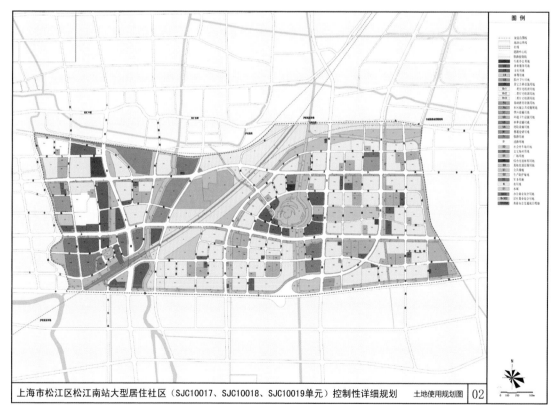

图2　土地使用规划图

04 上海市嘉定区黄渡大型居住社区控制性详细规划

规划主要基于大型居住社区建设所面临的核心问题提出规划理念，针对项目目标人群，开展了多项问卷调查，以促进产城融合为目标，提出社区产业引导的策略；在空间设计方面，梳理现状水系，力求塑造丰富公共空间；在交通组织方面，以促进公交出行为目标，重点构建慢行交通体系；公共服务配套设施针对特定人群，提出多项特色配套措施；设计控制引导方面，规划结合现状，提出改造利用工业厂房的各种策略。

一、规划背景

上海保障性住房建设是民生工作中的重点工程。黄渡大型居住社区作为上海市保障性住房建设中的第二批大型居住社区之一，其规划遵循和谐社会和以人为本的发展要求，充分借鉴国内外居住社区的建设经验，突出城市社区的整体发展理念，着眼于大型居住社区吸引力的培育，优化居住空间布局，为推进全市大型居住社区的规划建设起到了指导和示范作用。

二、主要内容与结论

嘉定区黄渡大型居住社区属于上海市第二批23块大型居住社区之一，位于嘉定区西部板块，嘉定新城安亭组团东部，东到沈海高速（G15），南至曹安公路，西邻同济大学嘉定校区，北接沪宁铁路，规划总面积4.27平方公里。规划总建筑面积337.62万平方米，其中住宅建筑面积232.25万平方米（住宅中三分之二为保障性住宅，三分之一为普通商品房）。

社区定位为以江南水乡环境为特色，以保障性居住为主导，融合就业、游憩等多种功能，兼为国际汽车城及同济大学提供生活配套服务的综合性城市社区（社区总平图见图1）。

创智引领，融城兴业：规划完善黄渡大社区与周边地区特别是同济大学的联系，同时向西融入国际汽车城，社区在居住主导功能基础上，结合现有优质企业保留及产业提升，融入科研教育功能，与教育研发区互动、互补，形成多元、多样的城市生活片区。

低碳生态，有机更新：综合考虑项目实施的开发周期，建

获奖情况
2013年度全国优秀城乡规划设计奖（城市规划类）三等奖
2013年度上海市优秀城乡规划设计奖 二等奖
第五届上海市建筑学会建筑创作奖 佳作奖

编制时间
2011年7月—2012年1月

编制人员
张玉鑫、曹晖、葛岩、庄一琦、夏丽萍、张铁亮、金蓓、富一凝、徐晓峰、王夏娴

设绿化隔离带以减少工业对住宅的负面影响，通过现状质量较好的产业建筑的改造与再利用、现状道路的保留与利用等方式实现低碳设计理念，通过多样化手段实现黄渡工业区的有机更新。

汇聚人气，保障宜居：通过形成出行便捷的交通体系、生活便利的配套体系及居住舒适的居住环境，对各类居住人群产生吸引力，汇聚人气，形成以保障性住房为主的宜居社区。

三、创新与特色

（一）针对目标人群，开展多项问卷调查

分析社区未来居住人群，并针对不同服务对象开展问卷调查和访谈，主要包括保障性人群调查（已建成的绿地江桥城）、目标人群调查（基地内动迁安置农民、周边同济大学师生），通过对调查结果的分析，归纳总结不同服务人群的核心需求，提出各类人群不同住宅的布局引导原则，为方案的合理性提供支撑（表1）。

（二）促进产城融合，加强社区产业引导

依托同济大学的高校资源和国际汽车城汽车产业的发展，重点引入与汽车产业相关的中小型科技企业，吸引高素质人才。依

图 1 社区总平面图

表 1 不同类型住房的服务人群需求及布局指导

		面向人群	主要来源	核心需求	布局指导
保障性住房	动迁安置配套房	动迁安置的农民	当地	就业，融入社区，寻求被认同	靠近产业区
		动迁安置的城镇居民	市区及本区	就业，完善的公共服务配套，快速便捷的交通出行	
	经济适用房与廉租房	中低收入住房困难的城镇居民	市区及本区	增加收入，完善的公共服务配套，便捷的交通出行	
	公共租赁房（青年公寓、人才公寓等）	企业普通员工	安亭国际汽车城、上海大众及其他产业区内的企业	合适的房租价格与房型，快速便捷的公交出行，购物消费和休闲娱乐设施	靠近产业区和公交站点
		引进的人才	本区及外来人口	完善的公共服务设施，快速便捷的公交出行，活力与交流，参与社区管理与建设	靠近公交站点和公共活动中心
普通商品房	中小套型普通商品住房	年轻白领	市区及本区	合适的房价与房型，快速便捷的公交出行，完善的公共服务设施，参与社区管理与建设	靠近地铁站点和公共活动中心
		大学老师	同济大学嘉定校区	子女教育，家人医疗服务，丰富的都市生活，良好的人居观景	靠近公共活动中心和生态公共空间
		企业管理人员	安亭国际汽车城、上海大众及其他产业区内的企业		

托改造利用原有的建筑质量较好的工业厂房、仓库，打造 LOFT 与 SOHO 办公。保留对环境影响较小的都市型工业和部分效益较好企业，引导集中布局。

（三）结合开发周期，合理布局各类住宅

规划提出了"分期建设、轮动开发"的策略，每期的开发建设兼顾开发者的经济效益和社会需求，注重土地的混合开发；每期的开发建设都立足于提供多样化的住宅类型，保障每期都能为不同社会阶层人群的入住提供可能性。

（四）促进公交出行，构建慢行交通体系

规划结合社区中心、公交系统、公园绿地、水系河网构建连续的、舒适的慢行系统，包括步行和自行车两套系统，强化慢行系统和与公交、轨道交通的换乘点的布局。加强基地与轨交站交通联系、构建多模式系统化的公交体系，确保公共交通在出行

模式中的优先权。

（五）针对特定人群，提出特色配套措施

根据中低收入人群、同济大学师生、创业研发就业人员等不同人群的需求，提出差异化的公共服务设施配套要求，如文化娱乐、体育健身、养老托老、医疗卫生设施在满足规范标准的基础上予以适当增加配置。加强公共设施与水系、广场、公园、步行通道等空间的连通。

（六）利用现状厂房，提出工业改造策略

规划充分考虑工业建筑难以全部拆除的现实情况，对工业建筑再利用进行了分析研究，对现状基地内的工业建筑质量、建筑风貌进行了评价。规划提出了工业建筑改造利用功能建议，如利用现状质量较好的大体量厂房改造为学校、体育馆、SOHO 办公及公共租赁房等功能（图2）。

图2　厂房改造区鸟瞰示意图

05 上海市级试点区养老设施布局规划（2013—2020）

获奖情况

2015 年度全国优秀城乡规划设计奖（城乡规划类）三等奖

2015 年度上海市优秀城乡规划设计奖（城市规划类）一等奖

2015 年度上海市优秀工程咨询成果奖 一等奖

编制时间

2013 年 3 月—2014 年 10 月

编制人员

詹运洲、吴芳芳、彭晖、黄珏、申立、刘博、冯洁、徐璐、吴蒙凡、张帆、章淑萍、蔡颖

上海市级养老设施布局专项规划聚焦"顶层设计"，确定全市养老设施布局原则、理念和战略导向，提出养老设施的分类分级及布局导向，编制近期建设项目控详图则，对接推进项目建设。项目有效探索了特大城市养老模式和专项规划编制的创新。

一、规划背景

上海是全国老龄化率最高、老龄化挑战最严峻的特大城市，为积极应对上海深度老龄化挑战，2013 年市规土局与民政局组织市规划院联合开展上海市及试点区县养老设施布局规划编制工作，在长达一年半研究过程中，形成"全市一试点区县—区县指导意见—数据库建设—政策配套"的养老设施规划成果体系（图 1）。

二、主要内容与结论

（一）全市养老设施布局专项规划

本次规划对象为机构养老设施和社区居家养老服务设施。规划内容包括总则、指导思想、目标指标、机构养老设施布局规划、社区居家养老服务设施规划导引及规划实施等。

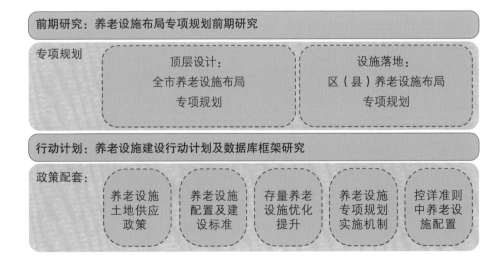

图 1 养老设施专项规划编制成果体系

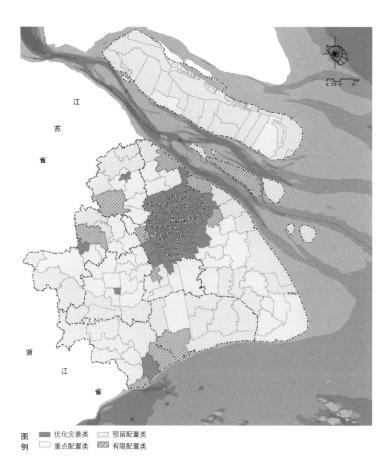

图
例
■ 优化完善类　　□ 预留配置类
□ 重点配置类　　▨ 有限配置类

图2　机构养老设施规划配置引导图

规划期限：2013—2020年，综合考虑上海老年人口发展趋势，对远景进行谋划。

规划目标：按照上海人口深度老龄化背景下对养老服务发展的需求，以构建居家为基础、社区为依托、机构为支撑的养老服务格局为目标，建成规模适度、布局合理、覆盖城乡、满足多元需求的养老设施空间格局，支撑全市建设老年友好城市和老年宜居社区，营造社区归属感与养老幸福感。

规划指标：2020年，全市养老床位建设目标按照户籍老年人口的3.75%（3%养老机构床+0.75%医疗机构中老年护理床位）确定。其中需建成约15.9万张养老机构床位，按照老龄人口高峰期（2030年）17.8万张机构床位进行用地底线管控。

机构养老设施布局规划导引：明确全市、各区县养老机构床位规模、分级设置，并且按照各街镇的城镇化水平和老年人口集聚及需求，对承担养老服务的养老设施布局给予空间引导，可分为优化完善、重点配置、预留配置和有限配置四类政策区域（其中机构养老设施配置引导可见图2与表1）。确立机构养老设施的配置标准，床均建筑面积为25~42.5平方米。规划到2020年，在养老机构的床位总量中设置不低于25%的老年护理床位。允许养老设施在功能用途互利、环境要求相似且相互间没有不利影响的用地上综合设置。

表1　机构养老设施规划配置引导一览

类别	地区特征	规划策略	强制要求	引导要求	建议设施规模	建议容积率*
优化完善类	主要是成熟城镇化区域，地区人口和需求相对稳定	完善补充	至少1处养老机构	鼓励使用存量用地或通过混合使用方式举办；鼓励配置市场主导的养老服务设施	小型、中型设施	1.2~2.5
重点配置类	目前尚处快速城镇化区域，如新城、重点新市镇等，人口导入重点区域	重点配置	至少1处独立占地养老机构。床位数应高于全区平均水平	鼓励配置市场主导的养老服务设施	中型和大型设施	1.0~2.0
预留配置类	主要指远郊新市镇，老年人口数量较多，但机构养老需求尚不强烈	近期镇区集中设置，远期预留	至少1处独立占地的养老机构。床位数应高于全区平均水平	鼓励配置市场主导的养老服务设施	中型和大型设施	0.8~1.8
有限配置类	主要指特定功能区，如市级中心、104工业区块，未来人口导出为主	有限配置	床位数低于100时，可与紧邻街镇统筹建设；鼓励配置市场主导的养老服务设施		小型、中型设施	—

* 容积率依据养老相关建筑要求，结合实际地块情况确定。

（二）试点区县的养老设施布局专项规划

试点区县养老设施布局专项规划是在全市规划基础上，进一步提出分街镇的机构养老设施和社区居家养老服务设施的规划导引。其中，中心城与郊区县的规划重点各异：中心城由于用地紧张，更注重于存量挖潜，控制建筑用地面积；郊区县注重于梳理存量基础上的规划新增，同步控制用地和建筑面积。

（三）区县养老设施规划编制技术要点

在上述全市和试点区县编制成果基础上，形成指导全市17个区县养老设施规划编制技术要点，进一步明确了规划的刚性控制要求和弹性引导建议（图3）。

三、创新与特色

（一）体系创新，明晰养老设施规划建设路径

创新性地提出"全市—试点区县—区县指导意见—数据库建设—政策配套"的专项规划成果体系。市级专项规划聚焦"顶层设计"，区（县）级养老设施布局专项规划强调"设施落地"。

（二）方法整合，确保专项规划编制前瞻科学

以老年人口高峰期预测进行养老设施用地的底线管控，与以往预测规划期间对老年人口进行规划控制不同，较好地凸显了前瞻性。

（三）落实空间，全市与区县规划直接对接控详深度

基于现状及发展规划导向，提出布局导引、配置标准等建议，实行差异化政策导引。一方面，在全市规划中，提出配置标准和用地优化分类的建议。另一方面，创新性地提出确保区县专项规划近期实施项目达到控详图则的深度，为项目实施奠定了重要基础。

（四）差异引导，现状存量挖潜与增量规划并举

应对当前用地集约节约的趋势，鼓励存量设施提升改造，支持符合导向、符合需求、符合规划的存量设施"正规化"。

（五）政策保障，促进近期养老设施空间落地

创新性地提出了规划管理和土地出让等核心政策，大大增强了规划的操作性和可实施性。提出老年护理床位，强调医养结合与多规衔接。通过年度行动计划动态更新和维护专项规划。

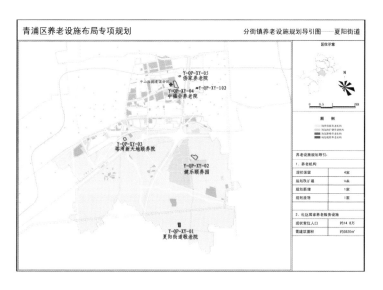
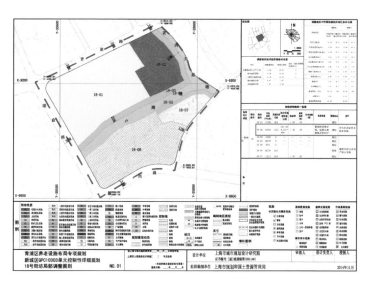

图3 试点区养老设施布局规划导引及控详图则示意图

06 老龄化社会下上海养老设施规划战略应对研究

上海是全国老龄化程度最高、挑战最严峻的特大城市，亟待养老设施规划的战略应对。通过构建"前期战略研究—全市专项规划—试点区专项规划—区县指导意见—数据库建设—政策配套"的专项规划体系，促进从顶层设计到设施落地的逐步深化。明确机构养老设施与社区居家养老服务设施组成的专项规划设施体系，提出以户籍老年人口高峰年为依据的弹性规划方法、四类空间配置政策区和医养结合指标，形成土地供应、配置标准、存量优化、控详准则等政策保障。

编制时间
2013 年 3 月—2014 年 12 月

编制人员
詹运洲、吴芳芳、彭晖、黄珏、申立、刘博、冯洁

合作单位
上海市规划和国土资源管理局
上海市民政局

一、研究背景

上海是中国第一个进入老龄化社会的城市，2030 年预测 60 周岁及以上户籍老年人口将达到 33% 以上。以往上海市养老设施从未编制专项规划，从而面临着养老设施供给总量不足、分布不均衡、配置标准偏低等问题，引发社会普遍关注。为此，2013 年起根据上海市委市政府的指示，由市民政局、市规划和国土资源管理局联合委托上海市城市规划设计研究院编制启动全市养老设施布局专项规划，并开展"老龄化社会下上海养老设施规划战略应对研究"作为支撑，从空间落地角度开展养老设施规划布局工作。

二、主要内容与结论

（一）提出兼顾顶层设计与项目落地的专项规划编制体系

作为常住人口 2 400 多万、户籍人口 1 400 多万的超大城市，如何从空间规划视角明确顶层设计，如何统筹全市和 17 个区县的设施落地，保障老年人口更方便地获得优质的养老服务，是养老设施布局规划面临的首要问题。为此，构建"前期战略研究—全市专项规划和试点区专项规划—区县指导意见—数据库建设—政策配套"的全过程规划编制框架。

（二）提出上海市养老设施专项规划的核心内容

研究提出了上海养老设施专项规划的规划目标，并且在设施总量上提出基于户籍人口峰值（预测在 2030 年达到 593 万峰值），即按照 17.8 万张床位目标值进行养老设施用地底线管控。明确了机构养老设施与社区居家养老服务设施组成的上海市养老设施体系，提出机构养老设施优化完善、重点配置、预留配置和有限配置四类政策区域，确立中心城 25 平方米 / 床和郊区 40 平方米 / 床设施建筑面积配置标准。而在社区居家

养老服务设施方面，提出打造 15 分钟服务圈的规划目标。

（三）凸显医养结合理念，探索养老和医疗卫生等规划的多规衔接

提出针对中心城区和郊区不同特点的医养结合模式（图 1），包括设施新建与经营创新两大类，并提出了上海市养老床位与护理床位"你中有我、我中有你"的规划管控目标与指标，即为老年人提供的护理床位总量将不低于户籍老年人口的 1.5%，探索养老与卫生等专项规划"多规合一"的路径，搭建养老与医疗专项联动平台。

（四）形成土地供应、配置标准、存量优化、控详准则等政策保障

探索土地供应、配置标准、存量优化、控详准则等政策，并在具体文件中落实，保障养老设施规划落地与实施。形成养老设施规划建设评估方法和监测机制，为养老规划编制和养老设施实施提供方案。通过年度行动计划推进建设，动态更新和维护专项规划，配套提出规划管理和土地出让等核心政策，大大增强规划的操作性和实施性。

三、创新与特色

体系创新，明晰养老设施规划建设路径，并建立专项规划编制体系。市级养老设施布局专项规划聚焦"顶层设计"，区（县）级养老设施布局专项规划强调"设施落地"，达到控详图则的深度。

方法整合，确保专项规划编制前瞻科学。以问题及需求为导向，通过对全市 10 000 多名老人调研访谈、100 多家养老设施的调研与评估，结合 30 多次专题座谈与意见征询会议、13 个国内外城市调研等，充分整合大数据分析和传统研究方法，提出基于"六普"人口通过年龄平移法精确测算老年人口规模。考虑户籍老年人口高峰年以及外来常住人口需求基础上，突破规划年限，增加一定的弹性系数进行用地底线管控，很好地体现了规划的前瞻性和科学性，确保满足未来很长时间内老年人养老床位的需求。

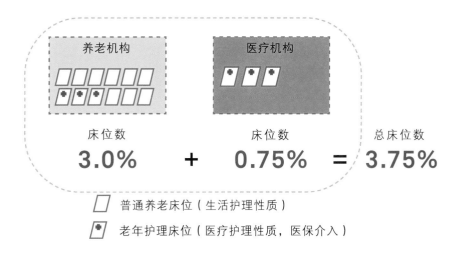

图 1　上海市养老设施医养结合的指标示意图

07 上海市公共体育设施布局规划
（2012—2020）

改革开放三十多年来，上海体育事业蓬勃发展，全市体育设施建设有序推进，但也在局部地区存在基本公共体育设施供求失衡的现象。规划全面总结现行政策和标准，借鉴国内外体育设施发展趋势。坚持融合发展，集约节约利用土地，针对不同特征的公共体育设施进行分级分类规划布局和指标控制。明确市区级公共体育设施的布局，建设标准等内容。坚持以人为本，重点聚焦群众体育设施，构建全市 30 分钟体育生活圈。

获奖情况
2015 年度上海市优秀城乡规划设计奖（城市规划类）三等奖

编制时间
2012 年 3 月—2014 年 4 月

编制人员
邹玉、詹运洲、吴芳芳、喻珺、吴蒙凡、蔡颖、方澜、祁仕奕

一、 规划背景

2011 年上海市"十二五"规划出台，规划确定了"创新驱动、转型发展"的发展目标，提出建设"体育强市"的体育发展目标。为满足市民体育锻炼的需求，改善城市服务和增强城市功能，建设"体育强市"，市体育局和市规土局联合牵头，组织编制了《上海市公共体育设施布局规划（2012—2020）》以及相关配套研究。

二、 主要内容与结论

规划形成"1+3+5"的成果，包括 1 个总报告（文本、图集、说明）、3 个配套成果（《上海市公共体育设施三年行动计划（2013—2015）》《上海市公共体育设施现状数据库》《上海市公共体育设施设置标准研究》）和 5 个专题研究（《上海市自行车健身绿道规划研究》《上海市体育公园规划研究》《上海市 30 分钟体育生活圈研究》《上海市公共体育设施项目设置研究》《上海市公共体育设施利用研究》）。

（一）规划目标

强调"以人为本"的原则，以满足城乡居民多层次的体育需求，提供每位市民参与体育锻炼的机会为基本目标，建设全市"30 分钟体育生活圈"，建立符合上海市城市总体规划且层次分明、布局合理的全市体育设施布局体系。按规划至 2020 年，在体育场地方面，公共体育场地面积达到 6 100 万平方米以上；在体育用地方面，人均公共体育占地面积达到 0.5 平方米以上（不含康体用地）。

（二）市级公共体育设施

规划形成"4+2+X"的市级体育设施布局（图 1）。其中，"4"为 3 个结合现状完善改造的上海东亚体育文化中心、东方体育中心和江湾体育中心，以及远景布局 1 处浦东体育中心；"2"为上海崇明和东方绿舟两个市级体育训练基地；"X"为若干个单项体育场馆。

（三）区级公共体育设施

上海市区级公共体育设施服务城市各区，以满足全民健身需求为主要功能，可分担大型综合赛事或单项赛事功能的公共体育设施。上海市区级公共体育设施主要包括区级体育中心、区级单项体育设施、区级体育主题公园等。到 2020 年，全市范围内布局区级体育中心 23 个、区级单项体育设施 3 个、区级体育主题公园约 20 个、体育休闲基地 17 个（图 2）。

（四）社区级公共体育设施

社区级公共体育设施主要包括了市民健身中心、小型体育主题公园、健身苑点等，是全市公共体育设施的主要组成部分。鼓励与文化设施、社区广场、绿地综合设置。

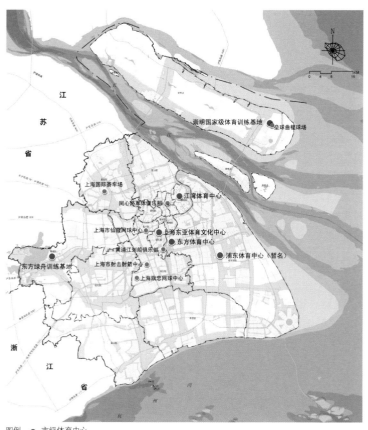

图例 ● 市级体育中心
　　 ● 市级体育训练基地
　　 ● 市级单项体育场馆

图 1　市级体育设施规划布局图

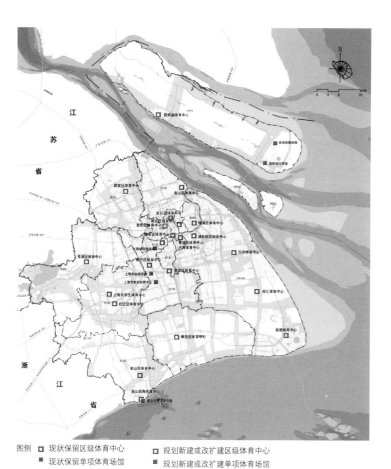

图例 □ 现状保留区级体育中心　　■ 规划新建或改扩建区级体育中心
　　 ■ 现状保留单项体育场馆　　■ 规划新建或改扩建单项体育场馆

图 2　区级体育中心和单项体育场馆规划布局图

（五）竞技体育训练设施

以建设体育强市、全面提升上海竞技体育整体实力为目标，优化竞技体育布局，整合现有资源，形成以上海崇明国家级体育训练基地、上海市东方绿舟训练基地和临港海上训练基地为核心，合理布局一、二、三线训练体育设施体系。

三、　创新与特色

全面总结现行政策和标准，明确市区级公共体育设施的布局、建设标准等内容，明确社区级体育设施建设标准，构建全市30分钟体育生活圈，梳理近期建设项目，形成近期规划和实施保障建议。

本次规划亦结合绿地、郊野公园布局体育公园，结合绿地和旅游布局体育休闲基地，结合道路建设自行车健身绿道，结合文化中心布局市民健身中心，发展新型的体育设施，促进融合发展。

同时，规划首次全面梳理了上海市公共体育设施的现状，利用GIS等地理信息系统科学分析现状设施分布的特点与问题，并首次形成空间和设施对应的现状与规划数据库，为后续规划的评估与监控提供了基础，打破了一张蓝图式的规划模式。

四、　实施情况

规划已由市政府批准，成为指导体育部门管理的总体层面规划，并已作为指导区（县）编制体育设施规划的指导性规划。规划提出的建设"30分钟体育生活圈"，已在嘉定区等区县进行试点建设。

08 上海市商业网点布局规划（2014—2020）

随着上海经济社会和城市建设发展，商业发展面临着业态持续创新、消费需求结构不断变化等新要求。本规划在摸清上海市商业发展现状的基础上，合理预判全市未来商业网点发展规模，制定商业中心分级分类标准，统筹规划网点空间布局，并制定环境建设引导。

一、规划背景

以建立统一开放、竞争有序、管理规范的现代化大都市商业流通体系为目标，以满足人民生活需求为出发点，以服务上海国际贸易中心市场体系建设为重点，加快完善商业规划布局。统筹全市商业发展实际情况和未来需求，在市场机制作用下加强对商业网点设施进行调整、引导和规范，建设布局协调、结构合理、层次分明、功能健全、配套完善、经营有序的现代商业网点体系。

二、主要内容与结论

本次规划对象主要包括零售业网点、餐饮业网点、生活服务业网点和重点大型商品交易市场。规划秉承"总量严控，统筹规划规模；分级分类，完善层级体系；多元融合，合理空间布局"的工作原则。

（一）合理预测商业网点总量规模

本次规划结合城市发展和商业发展趋势判断，在"总量严控、规模统筹"的规模指导原则下，综合考虑包括"城市经济和居民购买力增长情况、常住人口与流动人口变化、国际和国内服务需求增长、商业服务类型多样化对空间支撑的需求，以及未来展现城市形象的需要"等多方影响因素，以服务人口3 000万为基础，综合比较人均商业面积预测法和单位面积产出预测法，合理确定至2020年全市商业网点建筑总量应控制在7 000万~7 500万平方米（图1）。

获奖情况
2015年度上海市优秀城乡规划设计奖（城市规划类）三等奖
2015年度上海市优秀工程咨询成果奖 二等奖

编制时间
2012年7月—2014年8月

编制人员
胡莉莉、蔡颖、陆远、杨帆

合作单位
上海市商务发展研究中心

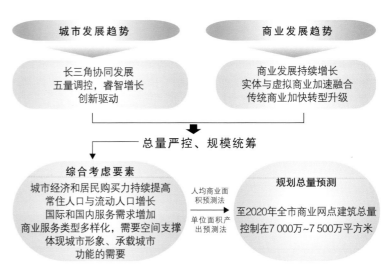

图1 研究框架

（二）完善"3+1"商业网点格局体系，确定分级标准

针对现状商业网点空间布局失衡的情况，以"多中心、多层级、网络化"为原则，构建完善"市级商业中心、地区级商业中心、社区级商业中心、特色商业街"为核心的"3+1"商业网点格局体系，确定各级建设标准，并根据商业设施规模、集聚度、能级、市场影响力和辐射力等要素确定划分标准。

同时充分考虑网络商业等新兴消费模式的需求，以"3+1"实体商业网点格局体系为基础，构建互联网时代以消费需求为中心，由"多层级实体店、跨区域网店及高效率物流配送网络"共同构成的新型商业空间布局体系（图2）。

（三）制定分级分类的优化提升策略

根据不同类型商业网点等级，制定分级分类的优化提升策略：①中心城市级、地区级商业中心通过"引导图则加规划说明"的形式，明确规划建设引导范围，确定功能业态整体定位和空间发展布局（淮海中路市级商业中心示例可见图3）；②社区级商业中心则借鉴新加坡邻里中心经验，划分为社区级、小区级、街坊级分别进行功能业态引导。

为提升商业网点的环境品质和综合服务水平，规划分别从功能复合、交通导向、环境品质、地下空间、节能环保、风貌协调和空间布局等方面细化了环境建设引导标准，以指导各级商业网点建设与改造。

（四）完善保障措施，推进规划落实

商业发展受市场和政策影响较大，需要加强保障机制建设。规划建议将商业网点规划内容作为专项规划纳入总体规划，确保规划内容的法律效力；通过明确规划部门与行业主管部门的职责分工（图4），同时细化近期建设重点，保障规划实施。

三、实施情况

本次规划通过大量资料收集和基本情况调研，形成商业网点数据基础资料库。规划成果多次通过意见征询会的形式，征询市局、专家、区县及相关部门意见，获得各部门的广泛支持与认可。成果于2014年1月至2月，在市商务委和市规土局对外网站上进行了为期30天的规划草案公示；2014年7月，规划成果以专题会议形式向市领导汇报，获得高度评价与认可；2014年9月向媒体发布，获得媒体广泛关注，群众反映热烈。

目前本次规划成果的部分研究结论已纳入上海市新一轮总体规划产业专题，为上海市新一轮城市总体规划编制奠定了基础。

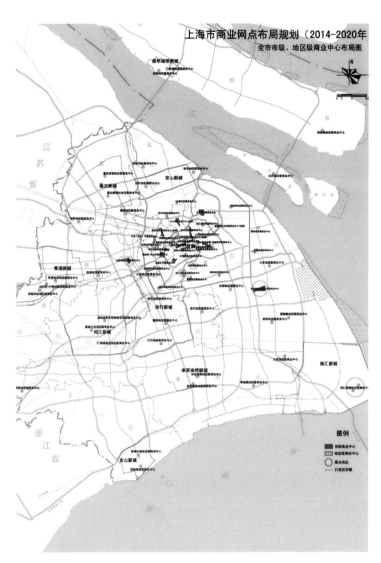

图2 上海市市级、地区级商业中心布局图

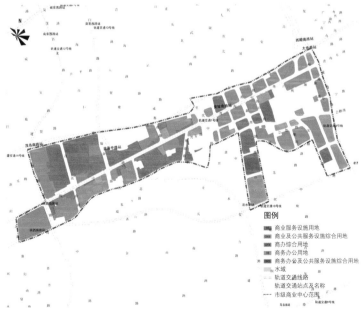

图3 淮海中路市级商业中心规划布局图

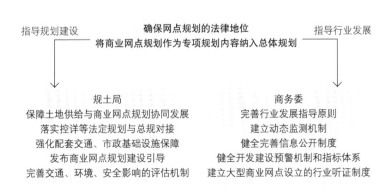

图4 规土局与商务委职责分工

09 上海市综合交通系统近期建设规划（2011—2015）

为构建更复合、更高效、更符合城市发展趋势的综合交通系统，应对"创新驱动、转型发展"引导下的新一轮城市空间结构优化与产业布局调整，开展了上海市综合交通系统近期建设规划。规划回顾"十一五"，聚焦"十二五"，展望"十三五"，针对港口航运、航空、铁路、公路、城市道路、越江设施、轨道交通、常规公交、交通枢纽、停车、步行、非机动车等各系统，从远期系统布局着手，结合近期系统发展目标与任务，明确近期规划对策和主要建设项目。

一、规划背景

近年来，上海综合交通以"三港两路"为建设重点，基本形成了衔接国内外、辐射长三角的快速便捷的对外客货运交通运输网络，率先建成了枢纽型、网络化的综合交通系统。但与此同时，也面临着一些突出问题：一是与国际大都市发展目标相适应的国际交通枢纽功能有待提升，如沿江、沿海铁路通道缺失，国际枢纽疏港集疏运系统不完善等；二是与市域人口发展相适应的交通系统能力不足，特别是公共交通系统有待进一步完善，如城市轨道交通、城际铁、市郊铁的系统效应不够，公共交通对新城、中心城周边地区、大型居住社区的支持不足等；三是交通系统优化完善面临资源、环境、人口等方面的挑战，外部发展制约加大。

二、主要内容与结论

以"四个中心"建设、长三角一体化发展为背景，充分衔接上位规划，立足于转型发展，明确经济、产业、重大建设项目、重点地区定位等因素对交通系统的要求，制定交通系统发展的目标和具体实施规划（编制思路可见图1）。

（一）"十一五"综合交通系统的规划实施评估

规划运用实时数据对上海城乡综合交通系统进行分析评估，认为存在以下问题：①上海城乡综合交通系统设施能力不足；②沿江、沿海铁路通道缺失；③国际枢纽疏港集疏运系统不完

获奖情况
2013 年度上海市优秀城乡规划设计奖　二等奖
2013 年度上海市优秀工程咨询成果奖　三等奖

编制时间
2011 年 4 月—2012 年 4 月

编制人员
高岳、易伟忠、岑敏、张安锋、谢靖怡、周翔、赵晶心

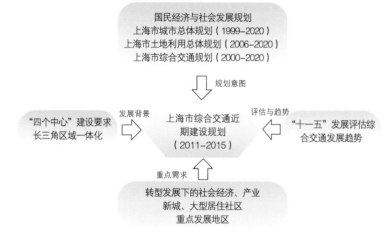

图 1　编制思路

善；④公共交通系统有待整合和加强；⑤体制机制与管理有待完善。规划分析了世博会举办、大型居住社区建设、虹桥商务区开发、浦东行政区划调整等城市重大事件对综合交通系统的影响。

（二）"十二五"综合交通系统的发展趋势判断

规划根据《上海市城市总体规划（1999—2020）》《上海市国民经济与社会发展规划》等上位规划，以及"十二五"城市发展重点等对上海城乡综合交通系统的发展趋势进行预判。分析认为"十二五"时期上海处于转型发展的关键阶段，虽然上海城乡综合交通系统仍处于建设完善阶段，但应结合国民经济发展

转型和结构调整要求转向"建管并举",注重系统的综合管理效应。而且 2020 年后,应以完善交通功能和提高服务品质为主要任务。

(三)"十二五"综合交通系统的规划对策和主要建设项目

1. 加快与国际大都市发展目标相适应的国际交通枢纽功能建设(图 2);建设沿江、沿海通道;整合区域港口资源,提高上海枢纽港的集疏运效率;提升国际航运中心资源配置能力。

2. 加快轨道交通建设,进一步完善轨道交通网络,加强公共交通尤其是轨道交通对新城、新市镇、大型居住社区、重点地区等的交通支撑。

3. 提出继续完善市域骨干道路网络和其他各级配套路网建设,增强道路设施能力和对外辐射功能。对铁路、客货运交通枢纽、越江设施、内河航道、枢纽港的集疏运通道等近期建设项目进行合理安排。

三、创新与特色

(一)技术手段完善

规划运用实时数据对"十一五"综合交通发展进行科学分析与评估,找出综合交通发展中存在的主要问题和症结,并在此基础上结合上位规划与城市发展趋势,科学预判今后一段时期上海城乡综合交通的发展趋势,为提出全面、针对性强的"十二五"综合交通建设安排提供科学依据(图 3,图 4)。

(二)规划成果具一定前瞻性,可操作性强

规划与城市空间、土地利用近期规划建设紧密结合,围绕城市近期建设发展重点安排重点建设项目,具有较强的可操作性。

四、实施情况

规划成果已在近期编制的一系列地区规划及交通专项规划中得到应用,如黄浦江南延伸段前滩地区(Z000801 单元)控制性详细规划、上海国际旅游度假区结构规划、嘉闵高架南段/北段规划、沿江通道专项规划、沪杭铁路规划等,也为近期重大道路基础工程建设项目的设立和安排提供了依据,如长江路越江隧道、轨道交通11 号线北段(二期)、11 号线迪士尼段、10 号线二期等,部分规划项目已进入实施阶段,如长江路越江隧道等。

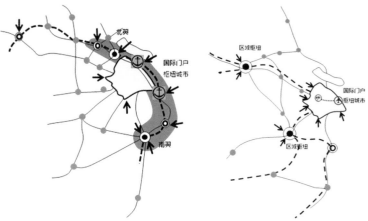

图 2 国际交通枢纽近期建设规划图

图 3 中心城道路交通服务水平图

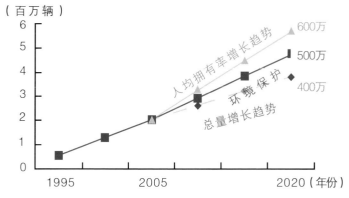

图 4 上海市机动车发展趋势分析图

10 上海市黄浦江越江通道规划布局深化规划

按上海建设"四个中心"、城市空间战略规划与发展的要求，土地资源有效利用与控制的原则，规划在准确把握未来城市越江交通需求趋势的基础上，构筑适应现代城市一体化发展的越江交通体系，研究新增越江通道的可行性，为更好地落实规划设想提供技术支撑，达到合理规划预留与控制的目标。

一、规划背景

随着浦东开发开放及其发展格局的稳定，城市越江交通分布呈严重不均衡状态，尤其是交通供需矛盾突出的城市中心区、越江通道稀缺的黄浦江下游地区。为及时应对上海市中心城以及近郊区不断出现的黄浦江越江交通矛盾，亦为近期一些重大越江工程的实施方案提供的技术支撑，特开展本专题规划研究工作。

二、主要内容与结论

（一）现状与规划发展分析

目前中心城越江桥隧以连接城市快速路的通道型越江设施为主，服务于地方性越江交通的区域型越江设施有待进一步完善。其中，下游北段区域（吴淞口—翔殷路隧道）越江设施较为欠缺，迫切需要规划建设新的越江通道服务于地方性越江交通。郊区越江桥隧建设需进一步加强西、南部郊区新城之间以及内部的交通联系，兼顾中、长距离的越江交通需求。

未来中心城越江设施主要服务于客运越江交通需求，2020 年轨道交通日越江客流将达到 200 万人次，比现状增长 5.6 倍；越江机动车总量仍将达到 144 万 PCU/ 日，相比现状增加 75% 以上，占中心城机动车出行总量的 22%。

郊区越江交通桥隧将大多为客货兼顾型的功能定位。2020 年黄浦江下游段的越江交通需求将达到 20 万 PCU/ 日，以货运越江交通需求占主导；黄浦江中上游段的越江交通需求为 66 万 PCU/ 日，其中中游段占 70% 以上。

（二）规划布局方案

中心城（黄浦江下游段）将在既有规划的 18 处越江桥隧布局基础上，规划新增闸殷路—双江路隧道、殷行路—航津路隧道等 9 处越江通道（图 1）。规划通道平均间距约 1.5 公里，其中黄浦江下游中段达到 1 公里左右；车道规模增至 140 条，通道型与区域型车道规模比例接近 1 ∶ 1.1；通行能力提高至 239 万 pcu/ 日，达到规划目标要求。

获奖情况
2011 年度上海市优秀工程咨询成果奖　三等奖

编制时间
2009 年 3 月—2010 年 1 月

编制人员
许俭俭、周翔、易伟忠、朱春节、朱伟刚

图 1 中心城（黄浦江下游段）越江通道规划布局图

（三）郊区越江通道规划方案

郊区（黄浦江上中游段）在既有规划的 15 处越江桥隧布局基础上，新增元江路—江月路隧道 1 处越江通道，达到 16 处，通道平均间距约 4 公里（图 2）。车道规模 86 条，通道型与区域型车道规模比例接近于 1：1.5，通行能力达到 96 万 pcu/ 日，达到规划目标要求。

三、创新与特色

规划立足上海长远发展，研究全市全域交通供应与需求基础上针对黄浦江越江交通展开专题研究，是综合交通体系下的专项系统规划研究。规划布局方案从均衡通道布局和协调需求分布两方面开展研究，以满足需求和调蓄交通的规划手段进行双向调控，力求引导城市良性健康发展。规划既从系统布局角度进行通道布置，又从实际利用和发展方面出发，多方面评估新增通道的实施可行性，保证后续规划控制的有效性，提高了规划方案的科学性。

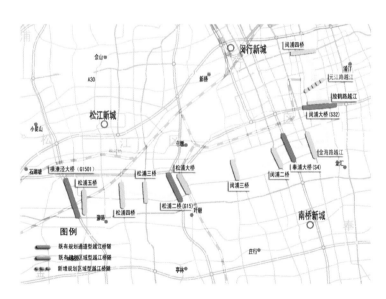

图 2 郊区（黄浦江中上游段）越江通道规划布局图

11 沿江通道越江隧道工程专项规划

从上海乃至长三角区域发展的角度研究沿江通道规划控制的必要性，根据通道的功能定位和需求确定其合理的建设规模和技术标准，研究提出规划线路外侧控制和保护之间的管控要求；并形成控制线方案、沿线道路红线和地区控详的局部调整方案，纳入沿线地区控详规划，同时提出重要节点的地区交通组织规划方案。

获奖情况
2013 年度上海市优秀工程咨询成果奖　三等奖

编制时间
2011 年 7 月—2012 年 2 月

编制人员
周翔、张旻、谢靖怡、朱伟刚

一、规划背景

为支持上海国际航运中心建设，完善上海市域乃至长三角地区的高速公路网，缓解宝山区外环隧道周边地区交通矛盾，规划提出黄浦江吴淞口新建一条高等级越江通道，并纳入 2010 年市府批复的《上海市骨干道路网络深化规划》。2011 年 6 月 30 日，上海市发展和改革委员会下发《沿江通道越江隧道工程项目建议书的批复》（沪发改城（2011）053 号文）。该专项规划于 2011 年 7 月正式启动，以作为工程方案设计的依据和可行性研究报批的前置性条件。

二、主要内容与结论

（一）功能定位与建设规模

沿江通道是滨江沿海产业带的交通走廊，将构建上海浦东、宝山与江苏太仓、昆山之间快速联络通道，综合交通需求和道路系统分析，该隧道工程建设规模为双向 6 车道（不设硬路肩），推荐采用外径 15.5 米的圆形盾构；浦西、浦东接线段主线应达到双向 6 车道以上规模。

（二）总体线路及重要节点方案

该隧道工程分为越江段、浦西接线段和浦东接线段等 3 个区段（图 1）。越江段起于浦西宝钢林带，线路沿宝钢林带圈围外穿越并越江，浦东于滨江森林公园登陆，江中穿越国际邮轮码头桩基。浦西接线段有系统合并和系统分离两类比选方案，推荐以系统分离的南侧高架方案作为技术优选方案，主线双向 6 车道规模，保留现状同济路高架，辅道总规模为双向 8 车道，设置一对定向匝道远期接入 S16 主线。浦东接线段双向 6 车道规模双向 6 车道，远期接入 G1501 上海绕城高速主线高架，并设置部分互通立交预留近远期衔接方案。

根据环评和隧道通风设计总体方案，该隧道工程推荐不设中间井的方案，即在浦西、浦东两侧结合工作井、洞口各设置一处风塔。浦西风塔设于漠河路北侧公共绿地内或

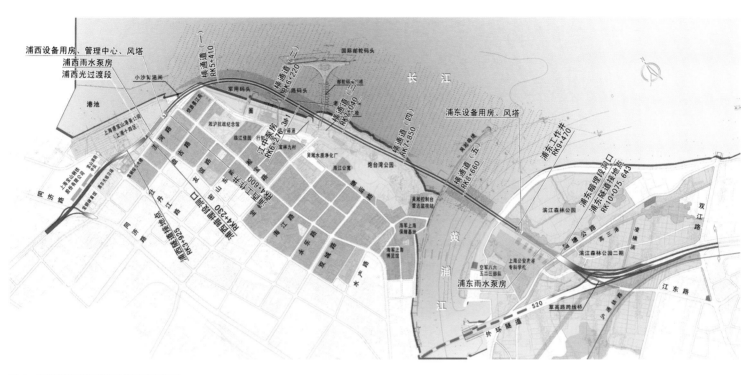

图1 沿江通道越江隧道总体平面布置图

结合沿线地块设置；浦东风塔结合工作井设置于滨江森林公园一期内；隧道设一处管理用房，结合浦西工作井设置，占地面积约5 600平方米。

（三）沿线规划及红线局部调整

越江隧道段以隧道控制线和保护线对其进行规划控制，分别按规划线路外边线外侧各10米、50米范围予以控制，隧道控制线宽60~70米。敞开段、接线段以道路红线进行规划控制，按实际方案相应扩展两侧边线（表1）。

三、 实施情况

该专项规划是工程方案设计和可行性研究报批的前置性条件，于2012年4月26日获批。其研究成果及技术控制要求已纳入可行性研究报告。

表1 主要技术指标

隧道总长度	11.5 公里
各区段长度	浦西接线段 3.7 公里
	越江段 6.1 公里
	浦东接线段 1.7 公里
规划等级	高速公路
设计车速	隧道段 80 公里 / 小时
	接线段 100 公里 / 小时
建设规模	双向 6 车道（不设硬路肩）
	双向 6~8 车道
建设形式	外径 15.5 米的圆形双盾构

12 轨道交通站点与周边地下空间开发规划研究

上海是中国最早建设和运营地铁的城市之一，作为地铁与地下空间发展走在前列的城市，研究对地铁与地下空间的建设进行总结回顾和梳理评估。研究首次基于上海市轨道交通发展现状开展全面评估，提出轨道交通站点与周边地下空间连通规划存在的问题、经验教训及对策建议，提炼和总结出《轨道交通站点与周边地下空间连通规划导则》，填补了城市规划与轨道交通专项规划在体系衔接上的空白，并对完善相应的法律法规和实施机制进行了有益的探索。

一、规划背景

至 2012 年底，上海已建成轨道交通 12 条线路、439 公里、287 座车站。作为地铁与地下空间发展走在前列的城市，上海在 20 多年的建设发展过程中，既有成功经验，也存在不足和教训，十分有必要进行总结回顾和梳理评估。受上海市规划和国土资源局委托，由上海市规划院与上海市政设计总院组成联合团队，共同开展上海市轨道交通站点与周边地下空间开发规划的相关研究工作。

二、主要内容与结论

研究重点聚焦上海轨道交通站点与周边地下空间衔接规划建设，对规划实施情况进行梳理评估，通过分析大量典型案例，总结规划建设的经验与教训。从规划、建设和管理 3 个层面分别提出了相应的对策和建议。在课题研究过程中，主要采用了现场调研、问卷调查、专家访谈、案例剖析、对比归纳、数据分析等研究方法。

首先，研究以现状（2012 年）全市 190 座地下车站为基础，按照市级公共中心、重要交通枢纽和其他地区进行分类，通过现场调研、专家访谈和问卷调查等，综合分析评估，得到以下结论：

1. 上海市轨道交通地下车站与周边地区地下空间衔接整体情况较好。市级中心和重要枢纽都实现了地铁车站与地下空间的连通。

2. 轨道交通地下车站与地下商业是最主要的衔接物业类型，

占总数的 68%。

3. 不同时期的轨道交通地下车站与周边地下空间衔接呈现不同的特点。① 2005 年以前，呈现"重点地区有连通、一站多点"的特点，除了先期建成和规划预留的连接通道外，往往通过市场自发行为建设新的连接通道；② 2005—2010 年，呈现"多点开花、方式多样"的特点，连通设计也更加多样化，出现了如 9 号线打浦桥站的一体化连通和 10 号线陕西南路站的共墙连通等形式；③ 2010 年以来，轨建建设速度放缓，为实现连通创造了更好的外部条件，如在建的 12、13 号线车站更加注重连通规划的统筹性和系统性，形成较为科学合理的地下空间连通设计方案（图 1）。

其次，从典型案例剖析入手，在规划、建设和管理三个层面进行全面总结。

1. 在规划层面：上海轨道交通站点与周边地下空间的衔接，在规划理念方面经历了一个由点状开发、相互独立，到自发建设、通道衔接，再到一体开发、区域连通的更新发展过程。目前规划编制体系已经基本形成，主要存在的不足有：①轨交专项规划与法定规划衔接不足；②地下空间专项规划对具体项目的实施性控制相对薄弱；③地下空间规划往往不能及时纳入控规，存在"地上、地下两层皮"的问题。

2. 在建设层面：轨道交通车站与周边地下空间的衔接工程经常受到管线搬迁、道路交通组织、建筑保护等条件制约，往往不能按照规划意图来实现。此外，地下连通道相对高昂的投资、施

获奖情况
2013 年度全国优秀城乡规划设计奖（城市规划类）
三等奖
2013 年度上海市优秀城乡规划设计奖　二等奖

编制时间
2012 年 12 月—2013 年 12 月

编制人员
王剑、张安锋、王曦、张旻、王敏、陈华峰、殷成龙、马俊、金丹婷、黄骁、金昱、潘茂林、朱良成、陈橙、张旭东

合作单位
上海市政工程设计研究总院（集团）有限公司

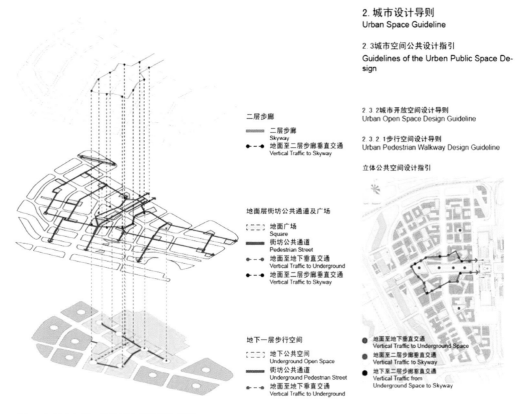

2. 城市设计导则
Urban Space Guideline

2.3 城市空间公共设计指引
Guidelines of the Urben Public Space Design

2.3.2 城市开放空间设计导则
Urban Open Space Design Guideline

2.3.2.1 步行空间设计指引
Urban Pedestrian Walkway Design Guideline

立体公共空间设计指引

地面至地下垂直交通
Vertical Traffic to Underground Space
地面至二层步廊垂直交通
Vertical Traffic to Skyway
地下至二层步廊垂直交通
Vertical Traffic from Underground Space to Skyway

二层步廊
Skyway
二层步廊
Skyway
地面至二层步廊垂直交通
Vertical Traffic to Skyway

地面层街坊公共通道及广场

地面广场
Square
街坊公共通道
Pedestrian Street
地面至地下垂直交通
Vertical Traffic to Underground
地面至二层步廊垂直交通
Vertical Traffic to Skyway

地下一层步行空间

地下公共空间
Underground Open Space
街坊公共通道
Underground Pedestrian Street
地面至地下垂直交通
Vertical Traffic to Underground

图1 虹桥商务区一期地下空间连通规划图

工的时序等也是建设中经常遇到的难题。建设主体的观念、运营模式等因素都对实施效果造成很大影响。

3. 在管理层面：在使用过程中，还涉及到权属管理、安全使用、日常运营维护等管理层面的问题，这些问题能否得到好的解决，将直接关系到衔接工程的使用效果和综合效益，需要在前期规划阶段就给予充分的重视，提出针对性的具体解决措施和建议。

三、创新与特色

研究首次对上海市轨道交通与周边地下空间发展现状进行全面评估。评估工作覆盖了全市运营中的全部190座地下车站（2012年）及其周边地下空间。除了通过现场调研获取第一手材料，还采用问卷调查和重点访谈的方式，既广泛地收集普通市民的意见，又有针对性地听取与轨道交通和地下空间相关的规划、建设、管理等方面专家学者和管理者的真知灼见，为形成全面客观的评估结论打下坚实的基础。

研究填补了城市规划与轨道交通专项规划在体系衔接上的空白。首次将轨交站点与周边地下空间衔接作为研究对象，提出在专项规划、控规和城市设计规划等不同层面，逐步完善和落实地下空间的衔接规划，并提出在控规层面增加轨道交通沿线详细规划，将轨交专项规划与城市规划相互融合。

研究创新性提出《轨道交通站点与周边地下空间连通规划导则》编制框架。导则编制框架明确导则应重点研究和确定以下内容：①站点周边地下空间开发功能引导；②站点选址与周边开发规模控制；③站点与周边连通的适建性要求；④站点与周边地下空间衔接的规划控制要素等方面（图2）。同时，导则综合考虑轨道交通车站对周边土地价值影响圈层、步行的舒适距离等因素，将车站外侧范围分为核心开发区和规划引导区，并区分重要交通枢纽地区、重要公共活动中心和一般地区，分别明确不同区域内站点周边必须连通的物业类型，制定了地下空间衔接适应性表格。同时，填补了目前相关规划编制和管理过程中技术标准的空白。

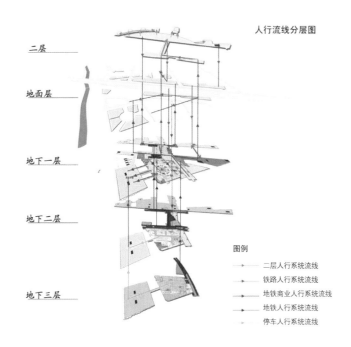

人行流线分层图

二层
地面层
地下一层
地下二层
地下三层

图例

二层人行系统流线
铁路人行系统流线
地铁商业人行系统流线
地铁人行系统流线
停车人行系统流线

图2 真如副中心地下空间开发分层图

13 上海市黄浦区慢行交通系统规划

为了适应新时期发展要求，黄浦区率先开展慢行交通系统规划研究和示范段实践，坚持以人为本，探索存量发展、有序更新、精细化设计的发展路径，塑造安全连续、便捷舒适的慢行空间。本次规划通过现状、规划与案例3条分析路径，确立黄浦区建设慢行系统的发展目标、重点和策略，形成包括公共生活与公共空间调研报告、慢行交通系统规划、慢行交通设计导则、示范段详细设计4项完善的成果。

获奖情况
2015年度上海市优秀城乡规划设计奖（城市规划类）三等奖
2015年度上海市优秀工程咨询成果奖 一等奖

编制时间
2014年2月—2015年6月

编制人员
奚文沁、郎益顺、陈敏、陈鹏、卞硕尉、朱伟刚、楚天舒、张婧卿、徐继荣

一、规划背景

黄浦区是上海迈向国际化大都市、体现城市先进理念的展示窗口，拥有实现"慢行优先"得天独厚的基础优势，但伴随交通矛盾日益突出，空间品质亟待提升。为了建成"世界最具影响力的国际大都市中心城区"，黄浦区率先开展慢行交通系统规划研究和示范段实践。

二、主要内容与结论

围绕黄浦区慢行交通主要问题与系统建设总体目标（图1），实施六大建设举措：

（一）推动滨水一带贯通

提倡从苏州河至日晖港"3+8.3"公里的公共岸线形成步行连续、舒适环境，体现上海独特魅力、历史传承和发展活力的贯通岸线。

（二）提升步行品质两大策略

针对慢行系统存在的重要吸引点间缺乏联系、轨道交通覆盖范围不足、步行网络不连通等问题，提出"完善步行网络、提升步行品质"两大策略。

（三）推动步行、非机动车、公交三方衔接

通过公共交通站点周边的主要街道和弄巷的环境改善，优化扩展末端步行范围，使多种交通方式协调整合，改善城市步行体验。

（四）分类引导四类步行道路

根据活动密集程度与发展格局，将全区道路与街巷划分为4类，建设林荫大道、完善地区步行微网络、挖掘弄巷与公共通道，使步行网得以延伸、补充与完善。

（五）建设非机动车五类通道

通过细化分层布局，制定用于通勤、健身、旅游等不同功能的五类非机动车通道，分类推进通道断面设计与建设。

（六）打造六大重点慢行区

根据路网密度、空间尺度、建筑形态、地域特色等方面的差异，依托主要公共空间节点，优化慢行网络、打通瓶颈与断点、设计个性化道路断面、挖掘公共空间与通道潜力等规划策略。

通过构建黄浦区安全、连续、便捷、舒适的慢行空间网络系统：
建设一个宜居、可持续的国际大都市！

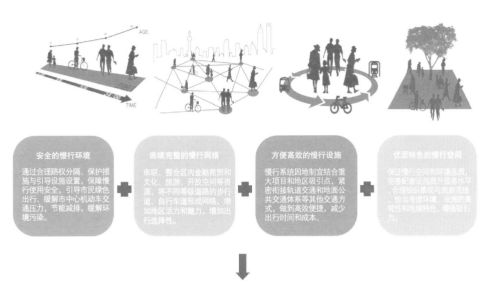

图1 黄浦区慢行系统规划目标与策略

一个居民和游客均可享受高品质生活的城区
一个将有限空间最优化利用的城区
一个鼓励步行、自行车、公交的可持续城区

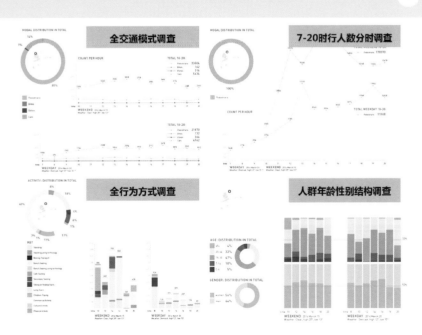

图2 PLPS（公共生活—公共空间）调研统计

三、创新与特色

一是首次运用PLPS（公共生活—公共空间）国际调研方法（图2），深入研究黄浦区交通现状问题与需求。规划先后对黄浦区进行50余批次调查，覆盖了30余条典型路段、5处典型公共活动空间。最终形成对全区慢行交通及公共空间使用状况的评估报告。

二是首创分类引导策略包和设计库，为重点慢行区精准化定制设计方案（如外滩片区设计策略包可见图3）。黄浦区慢行策略包含30多条设计手段，涵盖因地制宜、安全连续、便捷舒适、提升品质、控制引导等方面。可推广应用至上海其他地区及国内其他城市。

三是提出首个区级层面全覆盖系统与精细化实践相结合的慢行规划。规划充分运用调查数据与国际案例对比，以人为本地指导示范段设计。以南京东路为例（图4），重点疏通慢行脉络，探讨机动车疏散、公交线路优化等问题，从而实现其与外滩世界级公共活动区域的衔接。

四是创新跟踪规划，以慢行统筹多维度、多系统、多部门协同推进工作。规划尝试"PLPS调查—系统—分区引导—示范段设计—导则—后续跟踪"的全新模式，以慢行系统统筹空间、绿化、交通、设施、建筑、指引等内容，在编制内容、方法和管理机制等方面进行开创性的探索。

五是使用协作紧密的国际化设计团队架构，以"我"为主，大师领衔，保障规划的先进性和实施力度。上海市城市规划设计研究院联合丹麦杨·盖尔建筑事务所、北京市朝阳区宇恒可持续交通研究中心完成编制工作，这一团队使规划能够体现国际前沿的先进设计理念，同时也能够充分结合本地需求，保障和推进规划的实施。

四、实施情况

首创分类策略包，精准化指导重点慢行区方案 02

图3 外滩片区设计引导策略包

首个区级全覆盖系统与精细化实践相结合的慢行规划 03

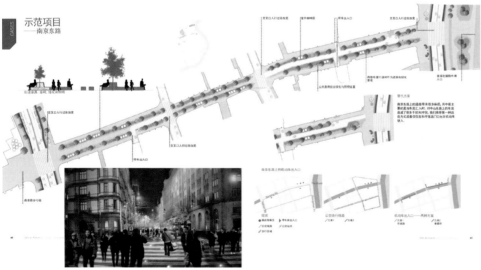

图4 南京东路示范段设计方案

结合2014年"无车日"，《解放日报》用多个版面报道黄浦区慢行系统规划项目，受到社会各界的广泛关注。上海部分重点区域以及武汉等城市计划按照黄浦模式推进各自的慢行系统规划。目前，黄浦区发改委正积极推进10条示范段的施工设计和建设。

14 上海市机场联络线（机场快线）专项规划研究

获奖情况
2014 年度上海市优秀工程咨询成果奖　三等奖

编制时间
2012 年 9 月—2013 年 6 月

编制人员
高岳、张安锋、金昱、苏红娟、易伟忠、朱春节

上海市机场联络线（机场快线）专项规划研究是对城市内部一条非常重要的轨道交通快线系统进行全面分析研究的规划报告。机场快线是串联两个国际航空枢纽港，并实现城市重要功能组团的贯穿中心城区的一条轨道交通快线。该研究从城市综合交通、服务长三角、提升上海国际竞争力等多个角度深入分析，明确了机场快线的主要功能，并对城市轨道系统和城市铁路系统两种模式进行了客观分析和论证。同时对可能采用的车辆系统技术标准进行了研究，明确了机场快线规划选线原则和规划控制要求。

一、规划背景

上海高速磁浮示范线（机场联络线）经过十几年的运营实践，发挥了较好的示范作用和客流效益。但是向西延伸至虹桥枢纽方案引起沿线市民很大反响，更为不利的是既有线路面临车辆供应中断、车辆使用寿命即将到期的情况，系统制式需要重新研究。为了充分发挥机场联络线通道整体线路市域快线的功能，同时在尽可能利用高速磁浮通道的前提下，开展线路功能定位、系统制式、车站设置和节点方案深化等选线专项规划研究。

二、主要内容与结论

上海市机场联络线功能定位为服务城市内部交通出行的轨道快线系统，增强与长三角衔接，提升上海国际航空枢纽港整体服务能级，促进城市重点地区发展。

按照机场联络线（机场快线）功能定位，对城市轨道交通系统和铁路系统两种模式从客流需求、铁路与航空枢纽需求、城市服务功能、与城市轨道交通网络衔接、线路技术条件、社会影响 6 个方面进行了分析和比较。综合分析比较，规划建议机场快线应采用城市轨道交通模式并纳入本市远景轨道交通网络，按轨道快线标准进行设计和规划控制。

机场快线线路总长约 61 公里。其中新建线路约 33 公里，利用已建磁浮线约 28 公里。

在车站设置方面，分析比较机场快线 4 站、6 站和 9 站方案设置方案，规划推荐 6 站方案。在敷设方式方面，高架线长约 28.6 公里、地面线长约 7.9 公里，地下线长约 24.5 公里。设虹桥枢纽车辆段和浦东机场停车场为主要车辆基地。另外，对龙阳路枢纽、上海南站、世博园区、越江段、沪闵路等重要节点进行了深化研究。

三、创新与特色

从城市综合交通和服务长三角的角度深入分析和论证了线路功能和系统模式。机场快线是上海市贯穿中心城的唯一一条轨道快线系统，也是串联两个国际航空枢纽港和城市重要功能组团的重要客运通道，地位非常重要。本次研究从城市综合交通、服务长三角、提升上海国际竞争力等多个角度，明确了机场快线的主要功能，并对城市轨道系统和城市铁路系统两种模式进行了客观分析和论证。

深化研究线路技术标准，加强了重要节点方案论证，提出了具有操作性的规划方案。机场快线利用原磁浮通道，线路技术条件苛刻，沿线环境敏感。全线有多处区段采用了 4% 以上的纵坡，并与 12 条轨道交通线路相交。在系统制式尚未最终确定的情况下，对可能采用的车辆系统技术标准进行了深入分析和研究，明确了规划选线原则和规划控制要求。

15 上海市松江新城综合交通规划（2013—2020）

松江新城是上海近年来重点发展建设的新城，但其快速发展也导致松江新城交通面临一系列制约因素，为在新的历史机遇期适应松江新城社会经济发展和重大交通基础设施的建设要求，统筹铁路、高（快）速路、骨干道路、公共交通、慢行交通、停车系统等发展，2013—2014年间松江区人民政府委托上海市规划院编制《松江新城综合交通规划（2013—2020）》，以独立节点城市为视角，对松江新城综合交通进行系统研究和优化完善，以指导松江新城交通基础设施建设，同时也为松江新城空间优化和新一轮总体规划提供重要支撑。

获奖情况
2015年度上海市优秀城乡规划设计奖（城市规划类）
三等奖
2015年度上海市优秀工程咨询成果奖 二等奖

编制时间
2013年3月—2014年9月

编制人员
马士江、高岳、郎益顺、张天然、孙伟权、易伟忠、
张安锋、王波、张婧卿、朱春节

一、规划背景

加快推进新城规划是促进上海和长三角区域联动发展、推进郊区新型城镇化发展的重大战略。长期以来，上海各郊区新城均强调与中心城联系，对新城内部独立性交通系统构建关注相对不足。松江新城是上海近年来重点发展建设的新城，已经成为上海郊区新城中规模能级最高、人口数量最大、经济实力最强的新城之一。同时，快速发展也导致松江新城交通面临一系列制约因素，"城市空间不整、骨干道路密度低、支路微循环不通畅、公共交通品质有待提升、核心城区停车困难"等问题突出。

二、主要内容与结论

（一）综合交通发展现状评估

对松江新城现状城市空间、土地使用、居民出行、交通运行等进行了全面分析，总结现状存在的主要问题。

（二）发展趋势与发展战略目标

对新型城镇化、上海大都市圈构建背景下松江新城城市和交通发展趋势进行研判，并从"对外交通能级提升、优化调整骨干通道、完善交通结构和资源配置、提升综合交通管理"等

方面确立新城综合交通发展目标和战略。

（三）综合交通需求预测

根据松江区居民出行大调查数据，结合松江新城用地和空间布局，利用综合交通规划模型对松江新城人口和岗位、居民出行规模、方向、方式结构等进行综合预测分析（图1）。

（四）各交通系统规划方案

针对松江新城对外交通系统、道路系统、公共交通系统、货运交通系统（图2）、静态交通系统、慢行绿道系统（图3）等制定规划目标和方案。

三、创新与特色

（一）创新性提出"新城独立快速交通体系"概念

紧扣独立节点城市的功能定位，将松江新城作为独立大城市来谋划新城综合交通体系，提出了构建内部骨干公共交通（中

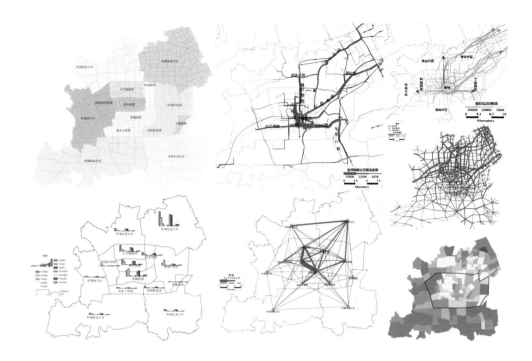

图 1 松江新城交通模型

运量轨道）、新城准快速路（环＋射）理念和方案。

（二）开展了全市郊区区县中第一个交通出行大调查

2013 年 2 至 4 月间，工作组开展了松江区居民出行大调查，是全市第一个最完整的交通入户调查区，全面掌握了现状居民出行特征、OD 空间分布等，并为松江区综合交通预测模型的建立和松江新城各系统的测试奠定了基础。利用市规划院的全市模型平台建立了松江区综合交通规划模型，将松江区划分为 347 个交通小区。结合城市发展趋势，对不同系统方案进行了全面的客流需求分析，强力支撑了系统方案编制。

（三）多个专业规划整合形成规划"一张图"

规划编制中对松江新城的多个专业规划进行了整合，并非对既有各项规划的简单汇总拼合，目的是凝聚共识，综合平衡各种因素和相互关系，成为松江新城综合交通发展的指导纲领。

四、实施情况

规划成果直接指导了松江新城现代有轨电车网络、铁路系统和高速公路优化调整、新城快速道路体系等规划编制，如松江新城有轨电车示范段已于 2017 年 6 月进行试运营，提出的沪杭高速公路改造也已得到市政府批准，并启动了专项规划和项目立项工作。

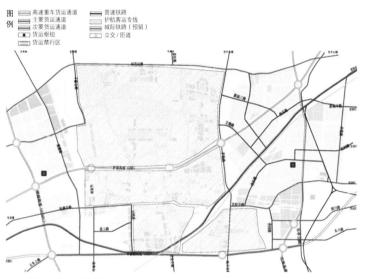

图 2 货运交通系统规划图

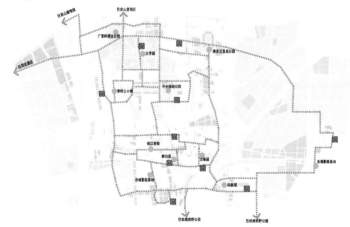

图 3 新城绿道系统规划图

16 上海市嘉定区综合交通规划
（2011—2020）

《长江三角洲地区区域规划》中将嘉定区定位为长三角重要节点城市，嘉定区发展面临新的机遇。本次规划围绕"打造独立的节点城市，构建相对独立的综合交通体系"的理念，重点加强独立的对外交通体系，构建服务城市内部的轨道交通体系、疏解货运体系、尝试建立休闲和交通功能一体的绿道系统。

编制时间
2010 年 8 月—2013 年 12 月

编制人员
李耀鼎、史晟、金昱、朱春节

一、规划背景

在 2010 年国务院颁布的《长江三角洲地区区域规划》中，嘉定区定位为长三角重要节点城市，同时嘉定区与江苏苏昆太地区在空间形态上已出现一体化发展的趋势，城市交通矛盾已经在一些关键节点初现端倪，城市道路交通系统面临严峻的挑战。在此背景下，受嘉定区规土局委托，上海市城市规划设计研究院承担嘉定区综合交通规划编制工作，从系统层面提出嘉定区综合交通的发展战略及策略，统筹、指导嘉定区综合交通各项工作。

二、主要内容与结论

本次规划研究了影响嘉定区综合交通发展的重要边界条件、发展历程及现状，通过定性和定量相结合的方式，梳理总结了嘉定区综合交通的 4 个瓶颈问题，结合嘉定区人口、社会经济发展、交通出行，预测嘉定区 2020 年交通需求和分布。

结合国家、区域规划对嘉定区的功能定位要求，提出嘉定区综合交通体系的目标，即"区域统筹、全域畅达、集约高效、舒适准点"的一体化综合交通体系，并提出了"进一步提升嘉定区对外交通衔接能力、构筑复合通道，突破割裂瓶颈、以有轨电车系统构建公交网络骨架（图 1，图 2），优化完善城市道路网络，需求控制，全面提升综合交通管理水平"大策略。

针对铁路、对外公路、港口航道、城市道路、轨道交通、中等运量系统、常规公交、货运通道及枢纽、综合客运枢纽、主城区绿道系统（图 3）进行规划。

三、创新与特色

因地制宜，充分考虑嘉定区独特的地理区位和形态，即充分考虑嘉定区位于上海西侧门户，喇叭形的行政区划形态，铁路、河道、高速公路等交通设施对区域的隔断等客观因素，提出适应嘉定区区位和形态的交通策略。

与城市功能定位和区域发展趋势紧密结合，紧扣"长三角区域城镇体系中的重要节点城市"的功能定位，提出构建嘉定区独立的综合交通系统。同时强调毗邻地区的

集粹扬帆
上海市城市规划设计研究院规划设计作品精选集 III

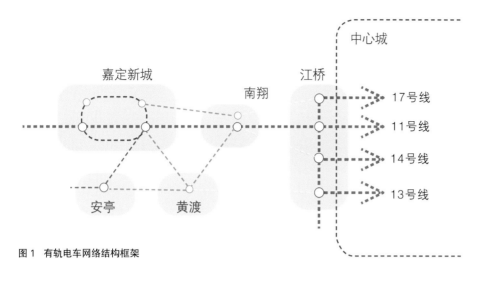

交通规划，包括跨省的轨道交通系统、公路道路及相互衔接的城市道路。

强调以人为本，公交优先。本次规划结合嘉定区"生态园林城市"的定位，规划了主城区生态绿道系统网络，服务交通、生态休闲等不同功能。同时，结合上海新型交通产业，规划了服务嘉定区内部的中等运量有轨交通系统，提升公共交通的舒适性、时效性及吸引力，倡导公交优先。

图 1　有轨电车网络结构框架

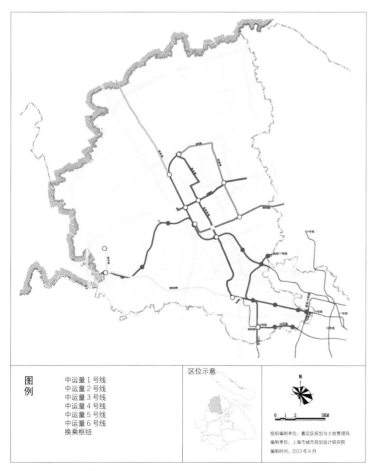

图 2　有轨电车网络规划图

图 3　主城区绿道规划图

17 上海市临港新城综合交通规划
（2007—2020）

通过编制《临港新城综合交通规划》，对临港新城的交通发展目标、空间战略选择、规划编制技术路线等方面进行一定的探索和思考，重点关注的问题包括怎样协调局部与整体的关系、协调优化土地利用与交通系统的相互适应关系，其成果在新城层面开展综合交通规划具有现实意义。

一、规划背景

随着上海郊区新城功能发展的不断完善，新城交通系统的规划对于城市整体发展格局、土地利用等方面具有重要的影响。经过规划与建设的不断推进，需要对临港新城已有交通规划理念和成果进行全面梳理、评估、反馈，并进行深化完善。本规划在编制临港新城综合交通规划的同时，建立了针对原总体规划的用地规划和优化调整后的用地规划两套综合交通规划量化分析评估模型，尤其是用地协调优化后建立的交通分析评估模型，将为后续专项规划和控制性详细规划的编制提供详细的定量分析评估依据。

二、主要内容与结论

（一）临港新城总体规划交通分析评估

临港新城的用地布局是由功能组团突变为城市新城，用地结构由原环射式结构调整成新城棋盘式中心环射式，环射路网和棋盘式路网的衔接成为临港新城总体规划的首要困难所在，同时，中心区已建设的适合低密度开发的路网系统如何为高强度用地开发服务也是综合交通规划需要解决的问题（新城交通饱和度分析见图1）。评估发现各片区职住不平衡现象突出、用地与轨道车站的综合利用不够、片区之间的联系通道交通供应能力不足、新城公交服务设施能力不足等是现状存在的主要问题。

（二）临港新城总体规划深化

依据交通与用地开发之间的适应性分析评估结论，各分区规划对原有临港总规都进行了优化调整，并对主产业区的用地布局和路网结构进行比较大的优化调整，尤其是结合轨道交通车站临港北

获奖情况
2013 年度全国优秀城乡规划设计奖（城市规划类）
三等奖
2013 年度上海市优秀城乡规划设计奖　二等奖
2012 年度上海市优秀工程咨询成果奖　三等奖

编制时间
2007 年 9 月—2011 年 12 月

编制人员
苏红娟、许俭俭、李东屹、朱春节、包雄伟

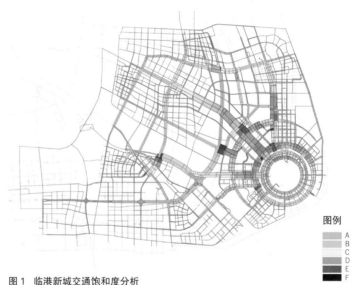

图例
A
B
C
D
E
F

图 1　临港新城交通饱和度分析

站的综合开发利用，导致对原有的轴向对称布局结构进行大幅度调整，并根据分区规划与控详规划对原有总规进行优化和细化。

（三）临港新城交通发展战略

临港新城采用"生产、生态和生活三生融合发展"的空间发展理念，以及"注重便捷、注重舒适、注重高效、注重公平"的交通发展理念。为构筑一个多种交通方式协调发展、内外衔接顺畅、结构层次分明、运行快慢有序、客货相对分离、绿色宜人的城市综合交通系统，必须以交通与土地使用协调发展、优先发展公共交通、保护慢行交通、加强交通管理为发展战略。

（四）开发强度分区研究

为提高临港新城人口和岗位的预测精度，规划首次开展了新城的强度分区研究，依据服务区位、交通区位和环境区位以及人均居住水平建立了临港新城的开发强度分区基准模型，并依据生态环境、景观、安全控制等要求，对基准模型进行修正。临港新城开发强度分区模型的建立为临港新城人口和工作岗位高精度的空间分布预测提供了技术基础（图2）。

（五）交通需求预测

为合理评估用地规划与交通系统的适应性，建立综合交通规划分析模型是唯一手段。本规划共划分了1 158个交通小区，是总体规划层面国内精度最高的交通模型系统。根据强度分区模型对人口和岗位的空间分布进行了预测，结合交通的出行规律对人员和车辆的出行空间分布和方式划分进行预测，最终得到道路和公交方式的空间需求分布。

（六）公交客流走廊识别

蜘蛛网模型可用于甄别客运交通走廊，分析客流流量及流向，为快速公交线网的布设提供依据。规划根据交通需求预测模型建立了公交蜘蛛网模型（图3），用于公交客流走廊的识别，并依据客流走廊建立不同层次的公交规划系统，如对外轨道交通系统、新城内部新捷运系统、内部地面公交系统等。

（七）道路系统规划

根据国际经验判断临港新城的路网密度和道路面积率指标的合理性，构建合理的路网级别、高标准的服务水平、功能清晰的断面设计、衔接顺畅的路网节点和弹性的路网规划方案。

三、创新与特色

（一）定量化

规划利用已建的综合交通规划预测模型对已批的临港新城总体规划进行了全面的交通分析评估，对原有总规土地使用和交通系统的适应性进行了分析，并提出了具体的改善建议，被各片区的分区规划编制采纳。根据分区规划和控制性详细规划对原有总规进行优化和细化，系统更新了原综合交通规划预测模型，并对道路系统规划、公交系统规划和停车系统规划进行了供、需的量化分析评估。

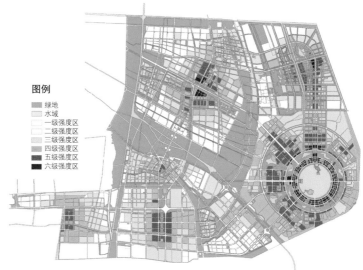

图2　开发强度分区

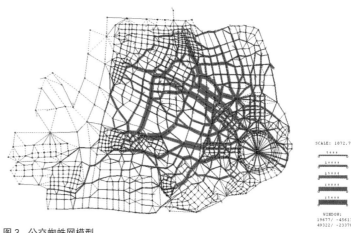

图3　公交蜘蛛网模型

（二）系统化

规划从综合交通规划体系要求出发，完成了模型建立、总规交通评估、城市空间发展战略和交通发展战略、城市空间发展方案、道路系统规划、公交系统规划、停车系统规划、慢行系统规划，形成了完整的综合交通规划体系，重点加强了量化分析评估工作。

（三）精细化

规划的定量分析评估首次尝试开展了新城的开发强度分区研究，并系统应用于临港新城人口和工作岗位的空间分布预测中，大大提高了预测精度。规划采用蜘蛛网模型，对临港新城的客流走廊进行了深入分析研究，为公交线网规划编制提供了科学的编制依据。

18 上海市闵行区莘庄综合交通枢纽交通与市政专项规划

莘庄综合交通枢纽交通与市政专项规划是上海"十二五"规划中的重要项目，将在铁路与三条城市轨道线路的协同基础上进行综合开发，该项目将交通和市政工程进行协调，以推动项目建设。

一、 规划背景

随着交通技术的不断发展，城市交通枢纽正在向多功能、综合型转型，逐步实现以公共交通为导向，以轨道交通换乘站及其核心商业为中心的发展模式，并为城市建设提供了新型的交通规划和土地利用有机结合的发展方向。为指导换乘枢纽及枢纽配套工程的实施，协调好枢纽建设与上盖开发的关系，完善市政交通配套条件，上海市城市规划设计研究院会同闵行区共同开展了枢纽的交通专项规划。规划过程中与铁路、轨道专业单位的工程界面和改扩建工程加深协调，确保可实施性。

二、 主要内容与结论

（一）综合换乘枢纽本体

换乘枢纽是由轨道交通1号线、5号线、17号线（暂命名）以及铁路金山支线组成的轨道交通综合换乘枢纽。目前综合换乘体在平台层总面积为3.5万平方米，其中轨道站体为1.7万平方米，铁路为0.31万平方米，其余为南北广场和疏散通道。

（二）枢纽配套交通工程规划

配套工程规划包括集散和接驳的南北广场公交、停车、道路工程，另外根据断点后客流增加的情况，利用原迪比特地块一层增加8条公交线、部分出租车和公共自行车停车设施。

（三）枢纽配套市政工程条件

对枢纽及其上盖开发的外部综合管线容量、接入方案进行

获奖情况
2012年度上海市优秀工程咨询成果奖　三等奖

编制时间
2010年12月—2011年6月

编制人员
郎益顺、应慧芳、蔡明霞、张安峰、赵晶心、冒晨、钱伯阳、何耀淳

规划分析和定位（含变电站，增配的用房）。

（四）枢纽上盖开发方案

方案中明确枢纽上盖范围的分层开发与枢纽本体交通组织的关系（图1，图2），以及交通范围与开发界线。

（五）平台层

含1号线、5号线、17号线（暂定名）、金山支线和沪杭客专南联络线的站房和站亭及35米换乘通道，在西侧新增南北广场联络通道兼做铁路进出站通道，并在车站本体南北两端解决约1万平方米的疏散广场。

（六）地下层

含轨道交通17号线（暂定名：莘庄—庙泾）地下线路、车站及其折返线，并包括沪闵路通道工程（国道部分金都路—莘庄立交）、南北广场人防与地下停车场配套工程。

三、实施情况

专项规划完成后，两次赴铁道部汇报，并向市政府办公厅汇报。2011年5月，专项规划得到了市政府的批复，目前莘庄枢纽设计和在建项目正在推进。

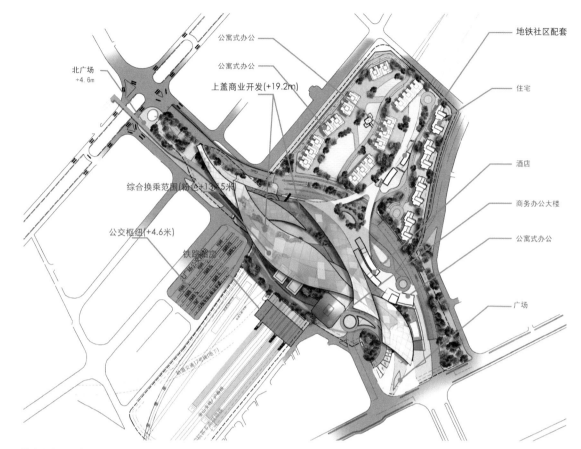

图1 莘庄综合交通枢纽上盖总平面图

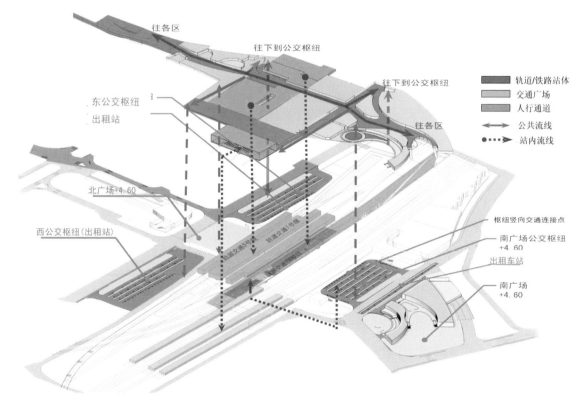

图2 莘庄综合交通枢纽分层交通组织示意图

19 上海市松江区现代有轨电车网络规划 (2013—2020)

为落实上海市公交优先发展导向、完善松江区区域公共交通系统并为上海市现代有轨电车发展提供示范经验，特编制本规划，对地区有轨电车网络方案、近期实施方案以及车辆基地等予以明确规划。本规划经上海市政府批复，成为全市第一个法定的现代有轨电车网络规划，同时近期示范线已进行试运营。

一、规划背景

松江新城是上海近年来重点发展建设的新城。经过十多年的发展，松江新城已经成为上海郊区新城中规模能级最高、人口数量最大、经济实力最强的新城之一。但同时一方面松江区机动化交通发展迅速，城区拥堵现象逐渐显著，地区公共交通发展水平还有待提高，内部骨干级、高品质服务的快速公共交通系统缺失，难以高效满足松江区居民公共交通出行需求，需要构建多层次的公共交通系统结构，弥补公共交通系统结构性缺失，提升公共交通服务水平；另一方面随着地区经济快速发展，常住人口规模大幅度提升，带来的交通需求增量巨大，需要提前谋划地区骨干公共交通的发展。

二、主要内容与结论

（一）地区现状及规划趋势研判

对松江区现状城市空间、土地使用、居民出行（图1）、交通运行等进行了全面分析，总结现状存在的主要问题，并结合既有法定规划对松江区及松江新城未来城市空间、综合交通等发展趋势进行研判。

（二）现代有轨电车特性及案例借鉴

详细分析了现代有轨电车在运能、旅行速度、路权形式、通道布设等技术特征，并对国内外城市现代有轨电车发展情况，在城市交通中的功能定位进行了剖析，系统总结了其功能定位、车辆适应性、对城市景观影响、运营管理等经验。

获奖情况
2014年度上海市优秀工程咨询成果奖 一等奖

编制时间
2013年2月—2013年12月

编制人员
马士江、张安锋、郎益顺、张天然、朱春节、李东屹、张婧卿

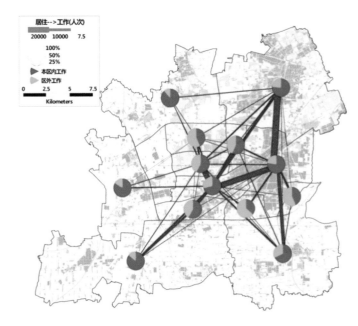

图1 松江区现状居民出行OD分布示意图

（三）松江区有轨电车系统研究

在市域公共交通层次结构基础上，深入分析了未来松江区公共交通体系层次构成（图2）。同时对松江新城发展中运量公共交通系统必要性、有轨电车适应性进行分析，明确松江区有轨电车发展目标和功能定位（图3~图5）。

（四）地区线网方案规划

考虑松江区组团组合的城市空间特点，为提高有轨电车网

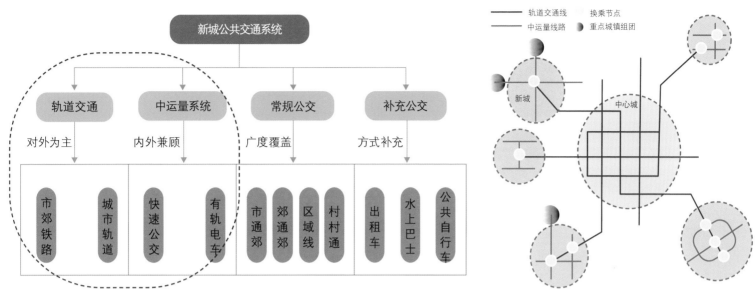

图2 松江新城公共交通体系示意图

图3 新城中运量交通发展模式示意图

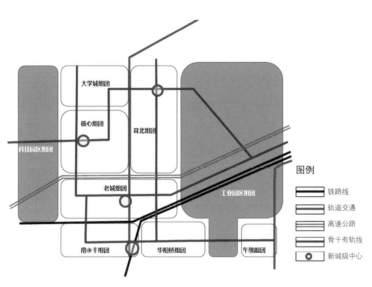

图4 松江新城空间结构与有轨电车网络示意图

图5 松江新城有轨电车网络规划图

络的服务面以及为今后发展预留通道条件，特进行区域范围的有轨电车网络规划。结合松江区综合交通模型，对松江区不同线网方案进行了规划研究，明确线网方案及车辆基地布局，同时对远景线路方案进行分析预留。

（五）近期示范线规划

充分考虑典型道路宽度和断面条件以减少实施难度，稳定总体线网为基础使近期实施性线路组合成网，形成规模以发挥网络运营效益等原则，确定松江新城有轨电车近期示范线共两条线路。

三、创新与特色

结合松江区及松江新城空间结构特点，规划线路充分体现主要客流吸引点和重点发展地区相协调的特点，创新性地提出对不同地区有轨电车线路进行功能划分，并以"交通性服务与特色化服务""成熟地区与新建地区"等进行功能区分，即在成熟老城区强化公共交通整合提升功能，在新城地区强化城市发展引导功能。

20 宁波机场与物流园区城市设计国际方案征集

宁波作为中国重要的国际港口城市、长江三角洲南翼经济中心以及上海国际航运中心的主要组成部分，航空产业发展具有较大潜力。规划以"打造空港经济区，建设宁波国际空港城"为发展愿景，主要从5个方面对空港经济区设计进行创新突破：使用二次筛选方法，分阶段明确产业发展目标；采用圈层布局模式，满足航空产业布局特征；建立一体化交通枢纽，综合解决机场专业交通；土地与交通一体化，确定科学的建设规模；优化空间环境设计，提升机场生态环境品质。

获奖情况
2013年度上海市优秀城乡规划设计奖　三等奖

编制时间
2011年12月—2012年1月

编制人员
黄轶伦、王嘉漉、郎益顺、郑迪、王梦亚、赵晶心、王曙光、邹钧文、卞硕尉、任千里、陆远、郑亦晴

一、规划背景

宁波是中国重要的国际港口城市、长江三角洲南翼经济中心以及上海国际航运中心的主要组成部分。2010年《宁波栎社国际机场总体规划》获批，确定宁波栎社国际机场的远景发展目标为4E级干线机场和长三角国际航空货运枢纽机场。为了更有效推进国际航空枢纽港的建设和远景发展目标的实现，开展了"宁波机场与物流园区城市设计国际方案征集"活动，上海市城市规划设计研究院方案在征集活动中获得第一名。

二、主要内容与结论

本次规划涉及占地约12平方公里的空港经济区，以及辐射范围约30平方公里的未来空港城（总平图见图1）。

（一）确定分期发展目标

规划首先根据机场近远期的发展规模，确定区域的功能目标和发展方向，将发展目标分为两个阶段：①近期（2012—2020）以建设空港经济区为主要目标，将围绕机场航空运输服务功能重点发展航空物流、保税交易、航空客运服务、航空配套等功能，适度结合轨道交通站点发展总部经济、国际消费、高科技研发以及休闲娱乐等功能；②中长期（2020—2045）以发挥空港经济区辐射作用，建设宁波国际空港城为主，临空企业向机场聚集，同时临空经济扩大至集士港镇、古林镇、望春工业区以及石碶街

道等的周边地区。

（二）布局区域功能圈层，优化核心区产业配置

规划从大区域入手，运用圈层布局模式对整个宁波国际空港城进行功能布局，将周边集士港镇、古林镇、望春工业区以及石碶街道划分为空港区、毗邻空港区、空港相邻区、都市辐射区四个圈层，对空间布局与产业发展提出建议。

核心区考虑跑道资源、空管限制、航站楼距离要求、交通便捷程度等因素，将机场划分为总部办公区、研发办公区等多个功能片区（图2）。同时，规划在充分掌握机场运营、机场交通以及物流园区操作流程等专业知识的基础上，对每个片区内的重点项目和设施进行了细化布局，确保了机场运营、交通组织以及物流运输的合理性和可操作性。

（三）规划多层道路体系，打造一体化交通枢纽

规划从对外交通、内部交通与一体化交通枢纽建设三个层面对机场专业交通进行梳理。在区域交通上，规划为确保机场到发交通的专用性和快速性，建立了两层道路体系，即机场路采用高架路+地面辅道形式，高架部分为机场专用，地面辅道作为商务

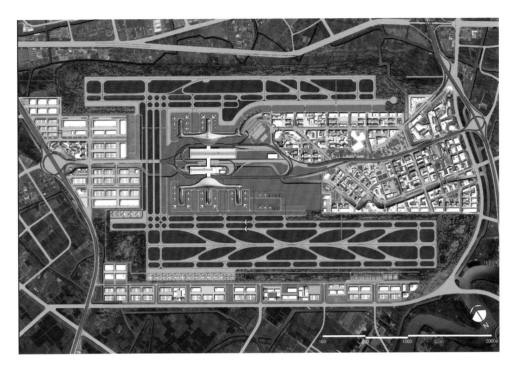

图 1　总平面图

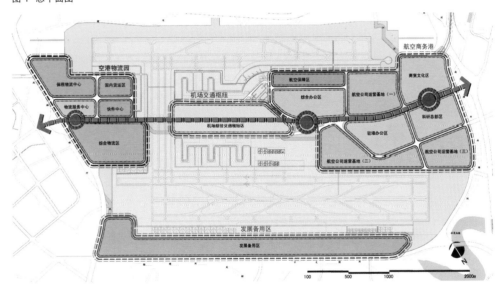

图 2　核心区规划结构图

区配套道路；同时规划对周边立交提出改造设想，提高机场出入立交的互通等级，增强服务能力（图 3）。

（四）实现土地与交通一体化

规划将不同类型的用地开发强度划分为四级强度控制区，宁波航空商务港以集约开发作为建设原则，在满足净空限高的基础上，集约开发土地，适当提高容积率，开发强度基本维持于二级、三级强度区，总建筑面积约 292 万平方米。对比交通承载力论证，规划根据土地利用与交通系统协调行判定指标，可接受的就业岗位为 6.6 万 ~7.6 万人，可接受建筑总规模为 241 万 ~286 万平方米，道路服务水平在 0.75 左右，属于 C 级服务水平，不会出现明显的拥堵节点。

（五）创新空间环境设计

规划强调空间与路网的定制，根据机场相关产业的特殊需求，合理确定路网格局和建筑体量。同时规划还注重生态环境的塑造，以绿色生态轴线串联组团内部的大型广场绿地，形成生态低碳园区。

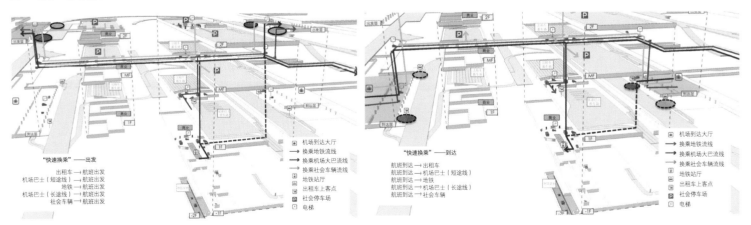

图 3　一体化交通枢纽交通路线图

21 上海市城市安全战略规划研究

研究将城市防灾系统与城市安全战略、城市规划密切结合起来，突破传统防灾规划模式，探索"安全要素"贯穿于城市规划全过程的理论与方法。立足于城市规划角度，引入非传统安全因素，在分析影响上海城市安全"灾害源"的基础上，确立上海建设"安全城市"的规划战略、总体要求和工作体系，并为各个城市防灾专项规划深化提供新思路。

获奖情况
2012 年华夏建设科学技术奖　三等奖

编制时间
2005 年 11 月—2007 年 4 月

编制人员
金忠民、王洵、张雁、汪铁骏、王芸、王莉、杨文耀、倪嘉、钱少华、谢文梁、张锦文

一、研究背景

随着城市化进程和社会经济的高度集中，城市高层建筑、油、气、水、电等生命线工程和大型工程设施、重大危险源等增多，使得火灾、爆炸、工程事故、环境公害等灾害更容易发生。从城市安全角度而言，上海是一个容易遭受灾害的城市，重要灾害包括台风、暴雨、洪涝、地震、火灾、地面沉降、海平面上升甚至战争破坏等。如果遭受自然灾害、人为破坏而防御措施不力将影响巨大，甚至会造成无可挽回的损失。城市安全是上海城市规划工作的重要命题。一个城市防治与减轻灾害事故的能力，正成为评价其政府管理水平和社会发展文明程度的标准。

二、主要内容与结论

（一）研究方法

研究注重城市安全的"规划战略、编制技术、具体对策"三大关键要素，确定了"分散调研与综合研讨相结合、专题深入与总体归纳相结合"的原则。一方面对国内外城市防灾的研究文献和规划案例进行收集、整理和研究，以保证理论上的科学性和前沿性；另一方面对上海城市灾害信息、防灾资源、组织结构状况进行调研，使问题分析有针对性。研究过程中多次征询市有关专业系统的专家意见，在专题研究的基础上形成研究成果，使课题成果具有实践指导意义。

（二）研究内容

上海一直比较重视城市防灾问题，但以前对城市安全的认识有局限性：①缺乏安全战略研究；②比较重视传统致灾因素和工程防灾，对非传统安全问题认识不足；③已有的防灾规划缺乏整体性，重单一灾种、轻综合规划；④管理偏重以调控为主，规划和建设标准较低；⑤城市安全在区域综合、战略指导、资源整合、规划落地、标准衔接等方面存在不足。

从美、日等国外先进城市来看，城市综合防灾应急管理体制经历了三个阶段：① 20 世纪 60 年代以单项灾种应急管理体制为主；② 60 至 90 年代以多灾种的综合防灾减灾管理体制为主；③ 90 年代以来，以"防灾减灾—危机管理—国家安全保障"三位一体的危机综合管理体制为主。

影响上海城市安全的潜在致灾因素有：能源和资源紧缺、快速城市化后生态环境质量下降、城市防汛、城市人口结构失衡、城市超高强度开发、高层建筑导致环境变异、建筑工程结构和管线老化、化学品事故潜在危险、通信信息灾害和战争威胁等。

以"区域—城市"系统为研究对象，是城市总体规划的重要组成部分，主要围绕城市公共安全提出城市总体防护目标与原则，在不同的规划层次上落实"城市安全"要素，并对防灾专项规划提出引导性要求。近期应从战略决策、用地安排、设施规划和防灾标准等角度，研究城市公共安全规划。

上海应该建设成为全面的、有应急能力、安全资源共享、综合防灾能力强大、灵活适应灾害的"有机"城市。上海城市安

全规划要坚持一贯性、区域性、重点性、综合性和合理性五个技术准则。故而该规划的总体要求为统筹规划资源，加强基础研究，明确规划内容，协调规划关系，发挥指导作用；参与编制的部门应由市政府结合相关组织修编总体规划时指定，并充分征求规划、建设和各防灾部门的意见，将强制性内容纳入城市总体规划；其编制方式应采取"政府组织、部门合作、专家参与、方案比选"的方式进行；审批程序当按照一定程序组织防灾机构和职能部门专家对规划进行审查，审查通过后报市人民政府审批；同时也应处理好与相关规划、用地、部门的协调关系。

研究明确了上海不同规划阶段的城市安全规划编制技术要求、基本内容及成果深度，提出上海城市公共安全规划主要领域、编制专项和内容要点。建立城市安全规划指标体系框架，并提出上海郊区新城的城市安全规划纲要。

上海城市安全中长期战略有六大重点目标：①形成具有防灾功能的城市"安全网格"；②形成适应灾害状态的城市"有机结构"；③形成适度分散的城市功能、合理的城市规模及多元化的"交通网络"；④形成以水系保护为重点的城市"生态格局"；⑤形成以地下空间为载体的"第二城市"；⑥形成以公共安全为核心的城市"应急体系"。

上海城市防灾区划应依托规划结构，做到基本自成体系，分出层次和等级，并应有相对独立的功能。防灾区划分应以网格化管理为基础，结合街道社区管理，并与城市规划、现状防灾设施的布局、绿地、空旷地、道路交通的布局相结合。上海中心城防灾区划形成分区—社区（街道）2级方案，明确安全责任主体，整合规划资源，实施安全资源共享。中心城防灾区划建设重点应结合城市公园、停车场、体育场、学校等空旷场地和医疗设施等建设应急避难场所，开发旷地型公建设施空间系统，并启动建设"安全社区"。

研究就做好城市安全规划编制工作、加强城市安全基础研究、完善城市安全管理体系、推进城市防灾设施建设和近期对策等提出建议。

三、创新与特色

（一）突破传统防灾规划思路

研究改变传统防灾规划的思路，既是一个综合性较强的战略研究，也是城市规划与防灾工程、安全战略系统在逻辑上的交叉项目，探求城市规划与民防、消防、环保、地质、防汛、地震、工程等学科的交叉和综合，实现城市安全与城市规划各专业系统

的整合，引入非传统安全概念，提出上海城市公共安全科技的核心问题，即致灾因素研究，进而提出上海创建"安全城市"的五大基本理念和五个技术准则，首次形成特大城市安全规划的工作体系（总体要求、组织部门、编制方式、审批程序，以及与相关规划、用地、部门的协调），提高了防灾规划工作的科学性。

（二）构建特大城市安全规划编制技术框架

研究突破防灾规划范围，研究上海不同规划层级（总体规划、详细规划）的城市安全规划编制技术要求、基本内容、成果深度，首次提出上海城市公共安全规划主要领域、编制专项和内容要点，通过研究上海十大"安全要素"，基本建立包括170多个指标在内的指标体系框架，为特大城市综合防灾规划编制提供了一种新思路。

（三）确立"安全城市"的城市规划战略

研究针对上海的实际情况，明确提出上海城市安全总休防护要求，提出上海城市安全中长期规划应包括安全网格、有机结构、分散功能与合理规模及多元交通、水系保护、地下空间开发、应急体系等六大重点，首次确立符合特大城市实际、具有上海特点、面向长远的"安全城市"的规划战略。

（四）研究将城市规划中的空间分区作为特大城市防灾区划运作载体的可行性

研究成果从城市规划层面，提出特大城市防灾区划的理念，打破传统城市防灾的分灾种、空间割据的限制，形成上海中心城2级防灾区划方案和3个规划建设重点，明确安全责任主体，整合规划资源，实施安全资源共享。

（五）重视非传统安全因素下防灾专项规划的创新

研究不仅提出传统防灾7个专项规划（民防、疏散避难、抗震救灾、防汛、消防、医疗救护和防疫、气象灾害预防）应重视的内容，而且考虑非传统安全因素对城市安全的影响，提出未来必须关注的8个专项规划（生态资源与能源安全、防灾物流、地面沉降防治、城市交通系统、对外交通系统、生命线系统、航空救援和重大危险源控制）的有关要求，为上海城市防灾规划编制增加了新的内涵，在国内大城市同类研究中具有示范意义。

22 上海市中长期城市供水水源规划研究

水是人类赖以生存和社会发展所不可缺少和不可替代的有限性资源，水在城市发展中占有极其重要的地位和作用，为满足城市用水的可持续发展，通过评价上海水资源现状，分析目前上海市供水资源存在问题，结合本市总体规划和各区的总体规划，研究中长期供水水源的对策。

一、研究背景

上海是水质型缺水城市，随着社会经济的发展，城市规模的不断扩大，城市供水水源日趋紧张，供水水源的不足已经成为本市社会经济可持续发展的"瓶颈"。本研究针对上海现有水源供水能力不足、水源水质下降、水源安全保障程度低等问题，结合上海市城市总体规划，从长远发展的角度提出和分析问题。研究使上海的供水水源达到总量平衡、布局合理、水质优良、安全可靠、备用充足、调度灵活，满足城市经济的可持续发展，并为水源规划的控制和管理提供依据。

二、主要内容与结论

研究首次从上海城市规划角度，涉足原本由供水行业专门从事的水源规划研究，并且研究的深度和广度均达到了同类研究的较高水准，使城市规划与水源规划得到了绝佳的结合，为政府决策提供可靠的技术支撑。

（一）上海市城市用水量预测

城市规划用水总量通常按照用水分类和用水量标准进行分类预测计算，得出不同分类的用水量，然后累计相加得到总用水量。一般包括居民生活用水、公共设施用水和工业用水等。城市供水总量受到多种因素的影响，而且将会出现可以遵循的规律，用水量增长到一定程度后将会达到稳定，甚至出现负增长趋势，达到稳定的用水量可以作为用水量增长的"极限"。

研究通过分析比较国内外大城市的各类用水标准及变化趋势，对现有上海供水指标进行校核，依据上海市城市总体规划及各区县总体规划，采用分类指标法和综合指标法对上海全市用水量进行预测，得出上海市2020年全市最高日供水量约为

获奖情况
2010 年全国优秀工程咨询成果奖 二等奖
2009 年上海市优秀工程咨询成果奖 一等奖

编制时间
2006 年 5 月—2008 年 1 月

编制人员
王征、沈红、蔡颖、乐勤、王如琦、张长兔、王洵、陈克生、徐国强

1 200 万立方米（人口按 2 000 万计）。水厂规模应留有适当余量以满足城市可持续发展的需求，全市原水供应规模按 1 400 万立方米 / 日左右考虑。

（二）上海市城市供水水源布局规划研究

通过对大连、香港、纽约、东京几个大城市水源开发利用的分析，总结其水源开发利用的经验，对比上海现状和规划的供水水源及原水系统，提出上海的原水供应由西水东调优化为东水东用、西水西用，形成黄浦江上游水源、长江陈行水源和长江青草沙水库水源"两江并举、三足鼎立"的供水水源布局。

按照集约化供水原则，为保障上海水源的供水安全，待三大水源地建成后，通过原水联络管将陈行原水系统、黄浦江上游原水系统和青草沙原水系统相互连通，建设形成"三源两环"的原水供水格局（图 1）。

（三）基于水源承载力的上海市城市规模研究

结合上海实际情况，研究采用最大可承载人口数量法进行上海市水源承载力的估算，即根据水源可利用量和未来人均需耗水量，计算最大可承载人口数量，判断其与现状人口数量和预测值之间的关系，即人口超载或仍有发展空间，从而得出水源承载能力的判断。

最大可支撑人口计算模型
目标函数：$MaxPOP$
约束条件：$WR=F(Q)$ （1）
$Q \geqslant 0$ （2）

水厂 ●

图1 城市供水水源地服务范围示意图

黄浦江上游水源地
长江陈行水源地
长江青草沙水源地
崇明东风西沙水源地

图2 城市供水水源地承载能力示意图

式中：*POP* 为最大可支持人口数量；*Q* 为日供水量，与人口数量、城市发展水平、GDP、产业结构、现状用水、节水状况、地域特点等因素有关；*WR* 为水源可利用量，指已经考虑了地区水资源特性、水源利用的地理可能性和经济可能性后确定的水源量。水源可利用量一般可以从两方面来确定，一是根据在一定工程条件下确定可利用水量，二是按照天然水资源量确定水源的可利用量。根据上海的实际情况，本研究以前者来分析上海地区的水源承载能力（示意图可见图2）。

通过上述模型计算，2020年上海水源承载的最大可支撑人口为2 630万人，大于2001版总体规划中预测的2020年约1 600万人口的规模。按照上海市中心城分区规划和各区县总体规划累计，上海市2020年人口规模约2 000万人左右，水源承载的最大可支撑人口仍可满足，但青草沙水源可支撑人口占上海水源可支撑人口的50%以上，一旦青草沙水源地出现问题，其他水源地只能支撑1 226万人。由于崇明岛原水系统与上海陆域原水系统相对独立，若再除去崇西水源可支撑人口80万人，只能支撑1 146万人，与总体规划中预测的人口规模有很大的差距。另外，陈行水源地最大可支撑人口仅为381万人，对其供水范围内的中心城北部地区、宝山区和嘉定区的发展将有一定的制约。因此，考虑到未来上海市人口有继续增加的可能，为确保上海可持续发展和提高上海水源的安全保障程度，一方面需要开发新的水源地，采取一定工程措施提高水源的最大可利用量，另一方面进一步采取措施提高用水效

率，降低人均综合用水量提高上海市水源承载能力。

（四）上海市城市水源地保护区规划研究

建立饮用水水源保护区是保护饮水水源的关键措施，也是保护水源地的最强手段。研究通过对德国及中国水源保护区划分方法及保护要求的分析，结合上海水源地的实际情况及规划发展，提出陈行水源地、青草沙水源地和崇西水源地保护区规划控制的初步设想，并提出黄浦江上游水源保护区、陈行水源保护区、青草沙水源保护区和崇西水源保护区范围内的规划发展原则。

三、创新与特色

研究通过对国内外大城市水源开发利用的分析研究，结合上海供水水源的实际特点，提出上海市水源"三源两环"供水格局的设想。对规划全市原水输水管线的走向提出了规划设想，可为下一阶段选线规划做出很好的铺垫。

首次对上海供水水源承载力进行研究，具有一定的前瞻性和创新性，为城市总体规划及各地区总体规划编制及修订提供了依据，具有指导意义。

首次研究了上海各大水源地保护区的划分及保护区与周边规划的关系，为今后水源保护区的划分及周边地区的规划编制提供了参考。

23 上海市信息基础设施布局专项规划（2012—2020）

规划全面调查和综合评判现状骨干信息基础设施情况，把握行业发展趋势和各类信息基础设施布局特点，探索建立与上海市域空间体系和各类资源要素配置相适应的"通信机房分类体系"和"骨干通信管线分层体系"，统筹电信运营商的信息基础设施建设需求，建立覆盖全市域的信息基础设施布局体系。

一、规划背景

上海"十二五"规划纲要明确"创建面向未来的智慧城市"的目标，即大力实施信息化领先发展和带动战略，构建实时、便捷的信息感知体系，建设以数字化、网络化、智能化为主要特征的智慧城市。为创建面向未来的智慧城市，提升本市信息通信服务能力，优化信息通信发展环境，努力成为国内通信综合服务最具竞争力的地区之一，亟需对本市信息基础设施规划建设进行全盘考虑，统筹布局。

二、主要内容与结论

规划对全市现状通信机房进行了详细梳理，针对不同运营商、不同网络节点的通信机房特点，结合运营商各自分层体系，形成了针对上海特点的"上海市通信机房分层体系"和"上海市通信机房设置标准"。

结合上海市域空间体系规划结构对现状通信机房分布特点开展研究，针对不同层次通信机房的功能特点和不同运营商的信息基础设施建设诉求，提出了城乡规划对于通信机房总体布局的"体系分层布局法"，并采用此方法对不同层次通信机房开展了总体布局规划工作（通信机房现状布局见图1，规划布局见图2）。

规划在现状505座重要电信运营商通信机房的基础上（海底光缆登陆站3处、枢纽通信机房19座、核心机房34座、汇聚机房449座），通过分层次的合理规划布局，共新增集约化通信机房122座，其中新增海底光缆登陆站1处、枢纽机房2座、核心机房3座、汇聚机房116座，整体布局打破了现状通信机房数量电信居多、位置集中于中心城的局面，有效平衡了运营商之间、中心城与郊区之间的相对机房资源密度，为未来发展光纤宽带设施、移动网络设施，提升亚太通信枢纽水平打下了基础。

在上海现状29处IDC机房的基础上，新增9处机架数大于1000个的IDC机房，位于土地价格较为便宜、通信路由畅达、电源冗余较多的郊区和远郊区域。规划新增的机架数小于1000的小型IDC将在区域性总体规划或者控制性详细规划中考虑。

规划借鉴路网分级体系的思想，提出了"上海市骨干通信管线分层体系"，并在综合分析了固定宽带网、移动通信网、有线电视网等主要信息通信网络管孔需求的基础上，提出了不同层次骨干通信管线的管孔数量设置参考标准。

获奖情况
2015年度上海市优秀工程咨询成果奖 一等奖

编制时间
2012年4月—2014年8月

编制人员
沈阳、金忠民、王洵、徐国强、王征、沈红、徐俊、赵路

合作单位
上海邮电规划设计咨询研究院有限公司

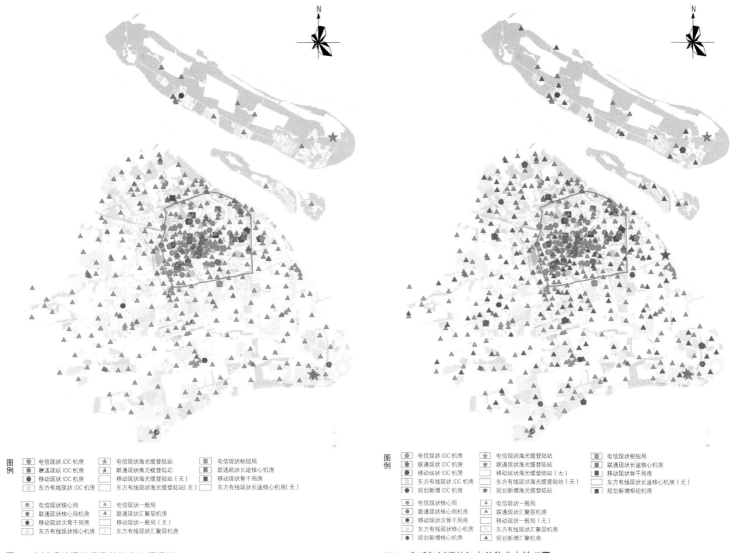

图例

⬠ 电信现状 IDC 机房	★ 电信现状海光缆登陆站	▣ 电信现状枢纽局
⬠ 联通现状 IDC 机房	★ 联通现状海光缆登陆站	▣ 联通现状长途核心机房
⬠ 移动现状 IDC 机房	◇ 移动现状海光缆登陆站（无）	▢ 移动现状骨干局房
⬠ 东方有线现状 IDC 机房	◇ 东方有线现状海光缆登陆站(无)	▢ 东方有线现状长途核心机房(无)

⬢ 电信现状核心局	▲ 电信现状一般局
⬡ 联通现状核心局机房	▲ 联通现状汇聚层机房
⬢ 移动现状次骨干局房	◇ 移动现状一般局（无）
⬢ 东方有线现状核心机房	◇ 东方有线现状汇聚层机房

图 1 市域现状通信机房总体分布情况图

图例

⬠ 电信现状 IDC 机房	★ 电信现状海光缆登陆站	▣ 电信现状枢纽局
⬠ 联通现状 IDC 机房	★ 联通现状海光缆登陆站	▣ 联通现状长途核心机房
⬠ 移动现状 IDC 机房	◇ 移动现状海光缆登陆站（无）	▢ 移动现状骨干局房
⬠ 东方有线现状 IDC 机房	◇ 东方有线现状海光缆登陆站(无)	▢ 东方有线现状长途核心机房(无)
⬠ 规划新增海光缆登陆站		■ 规划新增枢纽机房

⬢ 电信现状核心局	▲ 电信现状一般局
⬡ 联通现状核心局机房	▲ 联通现状汇聚层机房
⬢ 移动现状次骨干局房	◇ 移动现状一般局（无）
⬢ 东方有线现状核心机房	◇ 东方有线现状汇聚层机房
⬢ 规划新增核心机房	★ 规划新增汇聚机房

图 2 市域规划通信机房总体分布情况图

　　参照《上海市公用移动通信基站站址布局专项规划（2010—2020）》，在市域总体规划层面将上海宏基站设置密度分区划分为超高密区、高密区、密集区、一般区、边缘区、限建区共 6 大类。

三、创新与特色

　　本专项规划的基础设施长远布局，满足了上海未来发展光纤宽带网络、移动泛在网络对于基础设施的需求，实现基础设施能级跃升，推动智慧城市建设。2014 年 11 月 10 日上海市人民政府以"沪府〔2014〕82 号"文正式批复市规土局、市经信委，明确本规划作为上海市信息基础设施建设发展的重要依据。

24 上海市公用移动通信基站站址布局专项规划(2010—2020)

项目基于上海城市建设管理坐标体系,梳理形成现状室外宏基站数据库,并对现状室外宏基站进行共享共建分析,形成全市现状综合性站址总库以及三家运营商现状基站站址子库。基于上海特点,提出了基站站址"综合覆盖规划布局法",完成覆盖整个上海市域、涉及 3 个移动通信运营商、六种技术制式的全市室外宏基站站址布局专项规划,建立了上海的基站密度指标,形成了合理的基站密度分区。根据城乡规划管理"横向到边,纵向到底"的思路,形成针对上海"两级政府、三级管理"基本行政构架的近 400 张规划布局图。

获奖情况
2011 年华夏建设科学技术奖　三等奖
2011 年度上海市优秀城乡规划设计奖　一等奖
2011 年度上海市优秀工程咨询成果奖　一等奖

编制时间
2009 年 7 月—2010 年 9 月

编制人员
俞斯佳、沈阳、陈克生、姚凯、顾军、贾洪宝、蔡颖、
山栋明、王征、徐国强、刘伟宏、祁超、王洵、沈红、
董祺

合作单位
上海市无线电管理局
上海邮电设计咨询研究院有限公司

一、规划背景

上海"十二五"期间将大力实施信息化领先发展和带动战略,推动信息技术与城市发展全面深入融合,建设以数字化、网络化、智能化为主要特征的"智慧城市"。随着智慧城市的深入发展,需要大量的移动通信基站建设作为基础设施支撑。 为实现对各运营商基站建设需求进行全面统筹、合理规划布局、优化建设模式、提高网络效率、减少资源消耗、降低环境影响,体现城乡规划统筹空间布局,促进城乡经济社会全面协调可持续发展。

二、主要内容与结论

建立精确可信的数据库,对全市现状室外宏基站进行详细梳理,形成全国第一个基于城市建设管理坐标体系的省市级范围现状室外宏基站数据库,解决了以基于经纬度的基站数据库管理与城建坐标数据偏差较大的问题。同时,形成了 3 个运营商各自现状室外宏基站站址子库和全市现状综合性站址总库,涵盖全市 18 个区县,共约 5 600 座宏基站。

创立自主创新性的技术方法,基于上海市域空间体系结构对现状基站分布特点开展研究,在上海市域层面对宏基站设置密度进行了分区划分(超高密区、高密区、密集区、一般区、边缘区、限建区共 6 大类,见图 1)。国内首创提出了对于室外宏基站站址总体布局的"基站站址综合覆盖布局法",并针对宏基站设置密度分区提出了相应的站址综合覆盖半径指标体系(表 1)。

研究形成了一套覆盖全市的布局成果,完成了覆盖上海市域范围、涉及 3 家移动通信运营商、6 种技术制式的室外宏基站站址布局专项规划。规划至 2020 年,全市室外宏基站站址总数约 10 800 个,其中规划新增约 4 000 个。以编制单元为载体,形成适用于上海"两级政府、三级管理"基本行政构架的 387 张站址规划布局图则。

最终形成了一部切实可行的建设导则,专项规划针对站址落地、资源共享、景观

设置、选址排序、高度引导、特殊区域、室内覆盖系统建设导向及原则、基站附属设施的安全维护要求、废弃基站及附属物拆除要求等基站建设过程中涉及的问题，制定了相关导则建议。

三、创新与特色

本次规划以站址布局规划为重要管理抓手，引领基站建设主动服从于城乡发展通信服务需求，推动移动通信事业发展与城乡社会经济发展的高度契合。

本次规划改变了行业管理传统的经纬度数据管理模式，建立了上海基于城建坐标精确可信的现状数据库。同时首次对上海市域范围进行了基站站址设置密度的划分，创新性地提出了"基站站址综合覆盖布局法"，并形成了指标体系，填补了本市公用基础设施规划领域的空白。

根据《关于推进电信基础设施共建共享的紧急通知》（工信部联通〔2008〕235号）的要求，结合上海实际特点，规划确定了存量及新增基站均必须实现共享共建的政策，一是确定新增基站必须共享共建，二是针对现状基站提出了结合城市建设进程进行技术改造、景观改造和站址归并及提高其共建共享率的要求。

图例

■ 超高密度分区
□ 高密度分区
□ 密集密度分区
■ 一般密度分区
□ 边缘密度分区
□ 限制建设区

图1　基站站址设置密度分区示意图

表1　站址综合覆盖半径及站址密度指标体系

站址综合覆盖半径	适用土地利用综合分区情况	超高密	高密	密集	一般	边缘
第1级 综合覆盖半径（米）	中心城及近郊区	200~250	250~300	400~450	600~650	850~900
第2级 综合覆盖半径（米）	市域远郊区		300~350	450~500	650~700	900~950
第1级 站址密度（个/平方公里）	中心城及近郊区	>8.21	8.21~5.7	3.21~2.53	1.42~1.21	0.71~0.63
第2级 站址密度（个/平方公里）	市域远郊区		5.7~4.19	2.53~2.05	1.21~1.05	<0.63

25 上海市地面沉降监测和防治设施布局
专项规划（2013—2020）

规划形成涵盖地面沉降监测网络、地下水水环境监测网络、重大基础设施地面沉降监测网络、地面沉降防治设施、浅层地热能监测网等5个子网络，明确1 857个各类地面沉降监测和防治设施的布局。为便于市区衔接，按照1 857个设施5个子网络的属性分类，分别形成各个子网络对应的市域范围和17个行政区县的系统规划布局图。对规划近期建设的3座地面沉降监测站（航头地面沉降监测站、惠南地面沉降监测站、马桥地面沉降监测站）形成选址专项规划。

一、规划背景

无论是"十一五"规划提出的提高国际竞争力，还是"十二五"规划提出的"创新驱动、转型发展"，增强城市防灾减灾能力，特别是加强对地面沉降监测和防治都是其中重要的内涵之一。但上海地质环境脆弱，地面沉降具有不可逆性，且影响持久，所以上海市政府高度重视地面沉降防治工作。地面沉降监测与防治设施是地质环境保护工作的重要基础，其布局专项规划是上海城市发展和安全的战略性、基础性工作。

二、主要内容与结论

在上海地区已有地质环境监测网络基础上，根据地质环境保护要求，建立全市覆盖、重点地区加密且较为完善的地面沉降及地下水环境专项监测网络，为上海地质环境保护、城市安全运行保驾护航。规划形成涵盖地面沉降监测网络、地下水水环境监测网络、重大基础设施地面沉降监测网络、地面沉降防治设施、浅层地热能监测网等5个子网络，明确1 857个各类地面沉降监测和防治设施的布局（图1）。为便于市、区衔接，按照1 857个设施5个子网络的属性分类，分别形成了各个子网络对应的市域范围和17个行政区县的系统规划布局图。

依据《地面沉降监测与防治设施设置技术规定》，规划地面沉降监测站建设应满足下列要求：①地面沉降监测站保护用房高度宜控制在10~12米，建筑层数宜2~3层；②底层层高不低于5米；③郊区地面沉降监测站建筑容积率宜小于1.2；④郊区地面沉降监测站建筑密度不大于40%；⑤地面沉降监测站绿地率宜不小于30%，其中集中绿地面积不小于用地总面积的5%；

⑥位于郊区的地面沉降监测站，总建筑面积宜在1 000~1 500平方米范围内；⑦位于中心城地面沉降监测站，总建筑面积宜在600~700平方米范围内。

三、实施情况

2013年9月2日该规划得到市政府的正式批复，为有效落实2013年4月17日通过的《上海市地面沉降防治管理条例》提供了有力的技术抓手。

获奖情况
2014年度上海市优秀工程咨询成果奖 二等奖

编制时间
2012年11月—2013年8月

编制人员
沈阳、徐国强、沈红

图例

GPS一级监测点·现状	地温跟踪检测场·规划-近期	地下水质监测井·规划-近期	基岩标·规划-近期
GPS二级监测点·现状	地温跟踪检测场·现状	地下水位监测井·现状	基岩标·现状
地温长期检测孔·现状	地下水位监测井·规划-近期	分层标·现状	监测站·规划-近期
地温长期监测场·规划-近期	地下水位监测井·规划-远期	分层标·规划-远期	监测站·现状
地温跟踪监测空·现状	地下水质监测井·现状	基岩标·规划-远期	监测站·规划-远期
应急井·规划-近期	应急井·规划-远期	专灌井·现状	专灌井·规划-近期

图1　全市地面沉降监测和防止设施总体布局图

26 上海市城市地下空间布局和分层规划研究

获奖情况
2008 年度上海市优秀工程咨询成果奖 二等奖
2010 年度上海市决策咨询成果奖 三等奖

编制时间
2005 年 1 月—2007 年 1 月

编制人员
叶贵勋、徐国强、束昱、郑盛、张安锋、胡莉莉、张锦文、
李春、马仕、赫磊、柳昆、张美靓、王敏、王洵、
陈克生

合作单位
同济大学地下空间研究中心

城市的地下空间不仅具有良好的防护作用，提供防空、防灾场所，同时还可以作为潜力巨大的城市开发拓展空间。按照开发地下空间的必要性、可能性与经济性原则，将研究对象集中在两大类地区——重点发展地区和重要交通枢纽地区。通过对不同类型的地下空间进行适宜开发深度的研究，为规划编制和科学决策提供参考。

一、研究背景

随着经济和社会的快速发展，上海城市地下空间的开发利用已进入高速发展期。上海已于 2005 年 1 月完成了《上海市地下空间概念规划》的编制审批，初步确定了地下空间发展的原则和方向。将"概念规划"进一步深化成"详细规划"，无论在规划理论方法、发展需求预测、平面布局与竖向分层布局等方面都需要继续开展研究。

二、主要内容与结论

（一）重点地区分类

按空间划分，重点地区可分为中心城的重点地区和中心城以外重点建设地；按现状开发建设情况划分，重点地区又可分为新建地区和已建成区（建设成熟区）两类。

（二）城市地下设施分类

地下交通设施包括地下道路、地下停车库、地铁、越江工程；地下市政设施包括地下能源设施、地下给排水设施、人防设施、地下环境卫生设施、地下管线；其他地下设施包括地下公共服务设施（商业、文化、体育等设施）、地下储藏设施、物流设施等。

（三）主要结论

1.新建城区

应突出其良好的后发优势，使地上地下更协调地发展，地下空间的布局能更好地与地面发展互动，在重要节点形成地下综合体，带动整个地区地下空间开发利用的总体效果。

地下轨道交通仍然是此类地区地下空间的骨架和主力，不同的是其与周边地下设施联系的形式应更为丰富，范围和纵深度也应有明显的增加。在这类地区有条件实现

真正意义上布局合理、完整而且紧密的地下综合体。

正确地处理"空间、环境、交通"三者的关系仍然是此类地区地下空间开发的重点。因此，将基础设施、车行交通和联系性人行交通安排在地下。地下商业设施应作为平衡建设投资和运行成本的一种辅助手段而受到严格控制。

2. 中心城以外地区

开发利用地下空间的目的是缓解因城市中心区功能高度聚集而产生的环境和空间的矛盾，中心城外适宜大规模进行地下空间开发利用的区域应当位于新城的中心位置。由于开发强度和人口密度相对较低，地下空间建设规模也与中心城内的公共活动中心规模有所差异。

此类地区的地下空间应根据其规划确定的功能及布局特点，因地制宜，不可盲目贪大求全。在部分需要形成特色的新城或新市镇，地下空间也可作为一种标志性的城市形态出现。

3. 重要交通枢纽地区

此类地区是城市多种交通的节点，是旅客的集散地，车流、人流大是其基本特征。旅客快速、安全、有序地换乘，人车达到高度分流，是此类地区地下空间开发利用成功的主要标准。

这类地区重点处理好多种交通运输方式之间的衔接，在满足多种交通运输方式快速、便捷换乘的前提下，适度开发地下商业设施和娱乐设施，扩展交通枢纽的服务功能，满足一部分旅客的需要。

（四）不同性质地下空间的适宜开发深度

不同性质下地下空间开发的适宜深度可参见表1。

三、 创新与特色

研究针对地下空间发展需求预测技术、平面与竖向分层布局以及当前本市亟需解决的地上地下协调发展、城市重点地区地下空间功能布局等问题开展了全面深入的研究。研究成果不但具有一定的理论深度，而且具有较强的针对性、可操作性和较高的实用价值，为政府组织制定上海市地下空间规划和进行相关开发决策提供了科学依据。

表1　不同性质地下空间适宜开发和可开发深度

类别	设施名称		适宜开发深度（米）	可开发深度（米）
地下交通设施	地铁	车站	0 ~ -15	-15 ~ -30
		区间隧道	0 ~ -30	-30 ~ -50
	地下道路	地下环路	0 ~ -15	-15 ~ -30
		过境、到发道路	-30 ~ -50	≥-50
	地下步行通道		0 ~ -10	—
	地下停车场		0 ~ -15	-15 ~ -30
地下公共服务设施	地下商业设施		0 ~ -15	—
	文化娱乐体育设施		0 ~ -15	-15 ~ -30
地下市政基础设施	一般市政管线		0 ~ -10	—
	市政干管		0 ~ -15	-15 ~ -50
	地下变电站		0 ~ -30	≥-30
	地下物流设施		-30 ~ -50	≥-50
	综合管沟		0 ~ -15	-15 ~ -30
地下综合防灾设施	指挥所、人防工程、医疗设施		0 ~ -30	—
地下能源储藏设施	地下工厂、仓库等		0 ~ -30	≥-30
地下废弃物处理设施	污水处理厂、垃圾处理站等		0 ~ -30	≥-30
地下其他设施	地下室（设备用房、储库）		0 ~ -15	-15 ~ -30

27 上海市重点建设地区地下公共空间规划研究

获奖情况
2010 年度上海市优秀工程咨询成果奖　二等奖

编制时间
2006 年 7 月—2009 年 5 月

编制人员
苏功洲、奚东帆、束昱、顾军

合作单位
上海同济联合地下空间规划设计研究院

研究对地下公共空间的概念、内涵与分类进行分析,认为地下公共空间是城市地下空间系统的主体和枢纽,也是政府对地下空间开发进行引导的重要抓手,应当作为地下空间规划关注和管控的核心。研究结合上海重点建设地区的规划和建设实践,提出地下公共空间规划的基本原则、重点与方法,建立起地下公共空间规划的工作框架,并针对规划中的若干重要问题进行专题探讨。

一、研究背景

地下空间开发是当前城市建设的新热点,地下空间规划的重要性也日益突出。然而,传统的规划理论、方法已无法适应社会经济发展和制度变革进程。地下公共空间规划既是系统的核心,也是主要的公共活动空间和空间权益博弈的焦点。本研究对地下公共空间的概念、规划原则、规划框架和规划方法进行研究探索,是地下空间规划领域一项重要的基础性研究。

二、主要内容与结论

对国内外地下公共空间开发案例与机制进行深入分析,并结合现行地下空间规划体系和开发机制,提出地下公共空间的概念与分类,分析其内涵与特征。

立足上海地下空间建设的现状与趋势,对世博会、虹桥枢纽等重点建设地区地下空间规划进行研究,提出地下公共空间规划的原则、重点及主要内容,并在此基础上建立起地下公共空间规划的工作框架。

对地下空间的开发规模、开发深度与分层、空间的连通、综合开发的方式、环境景观设计、地下公共空间的分类控制、规划与空间权益等地下公共空间规划中重要的问题进行专题探讨,为规划提供重要的方法与技术支撑。

对当前地下空间开发管理的机制、体制和法规进行分析,并提出完善制度建设、加强规划管理的具体建议。

三、创新与特色

研究对象的选取具有针对性和创新性。在中国,以往规划及研究更加关注城市人防空间及交通、市政工程,对于独立的、以城市公共功能为主体的地下公共空间的系统化研究尚属空白。本项研究经过系统深入的分析,认为"地下公共空间"是城市地下空间系统的枢纽和核心,也是政府对地下空间开发进行引导的重要抓手。因此,研究以"地下公共空间"为切入点,紧紧抓住了地下空间开发和管理的核心和关键问题,确保研究能够对地下空间规划理论和方法的完善、管理水平的提升起到切实的推动作用。

规划研究与政策研究相结合,确保现实性和前瞻性。《物权法》首次对地下空间的产权进行了明确的界定,已成为地下空间开发利用的重要制度基础。本项研究立足《物权法》实施后新的制度环境,进行积极的制度建设探索和技术管理衔接。根据当前开发机制,基于物权属性开展"地下公共空间"的研究,区别城市地下空间和开发地块地下空间并进行差异化的规划控制和管理。

规范研究与技术研究相结合,强化科学性和应用价值。研究对不同类别、不同区域地下公共空间的建设特征,以及地下公共空间规划中的若干重要问题进行了分析探讨。在此基础上,从规划、建设和管理的具体要求出发,提出科学合理的规划方法,有利于地下空间规划研究相关理论和方法的完善,将对规划编制和管理提供重要的方法与技术支撑。

理论研究与规划实践相结合,突出实用性和可操作性。本项研究开展的过程是一次规划编制和理论研究的互动。课题组先后参与了世博会、虹桥枢纽等上海重点建设地区的地下空间规划工作,将规划中解决实际问题的经验教训纳入研究的思考,并将研究的成果及时应用到规划实践之中。研究的理念和主要成果还及时应用于《上海市地下空间规划编制导则》以及《上海市地下空间规划编制规范》,使理论研究的成果能够得到更为广泛的应用。

28 乌鲁木齐市地下空间开发利用规划

经过 10 年来的快速发展，乌鲁木齐的人口增长和用地扩张迅速，而地下空间开发利用是拓展乌鲁木齐城市空间资源的重要手段。本规划从总体和地区两个层面对乌鲁木齐市以及高铁和会展两个片区进行了地下空间开发利用规划，为乌鲁木齐创建面向中西亚的现代化国际商贸中心、区域重要的综合交通枢纽和天山绿洲生态园林城市打下坚实基础。

一、 规划背景

近 10 年来乌鲁木齐城市发展迅速，内外部环境发生巨变，人口和用地的增长远远超出其预测规模。地下空间开发利用是拓展乌鲁木齐市城市空间资源的必然途径，是构建城市防空防灾安全体系的重要载体，是应对乌鲁木齐市独特西部气候条件的有效措施。为了使地下空间更为有序、合理地开发利用，乌鲁木齐市规划局委托上海市城市规划设计研究院、上海市政设计研究总院和乌鲁木齐市规划院进行乌鲁木齐市地下空间的开发利用规划。

二、 主要内容与结论

本规划包含两个层次、三个部分的内容，一是乌鲁木齐市地下空间开发利用总体规划，二是高铁片区和会展片区地下空间控制性详细规划。

（一）乌鲁木齐市地下空间开发利用总体规划

经评估，乌鲁木齐地下空间具有良好的资源禀赋条件，适合规模开发（乌鲁木齐市地质分布图可见图 1）。但现状地下空间开发尚处于起步阶段，现状地下设施以市政管线和民防设施为主，大规模的地下综合体、地下公共服务设施等还未形成，大运量轨道交通系统还未开始建设，且缺乏整体的城市地下空间开发利用的发展战略和管理机制。

通过"类比预测法"和"归纳预测法"相互验证，确定乌鲁木齐市中心城区地下空间开发规模约为 1 200~1 600 万平方米。

结合乌鲁木齐市空间结构、轨道交通线网规划、商业网点

获奖情况
2015 年度上海市优秀工程咨询成果奖　一等奖

编制时间
2011 年 7 月—2014 年 2 月

编制人员
徐国强、何耀淳、胡莉莉、张安锋、张锦文、王威

合作单位
上海市政设计研究总院
乌鲁木齐市规划设计院

图 1　乌鲁木齐市地质分布图

规划，提出"一网、双核、四心、多点"的地下空间总体布局（图 2），对城南区、城北区、高铁组团、会展组团等地下空间开发重点地区进行分类引导；同时，把地下空间的近期开发深度定位于 0~30 米范围内，将超过 30 米的地下空间作为城市未来战略储备，同时提出不同设施在地下的建议深度。

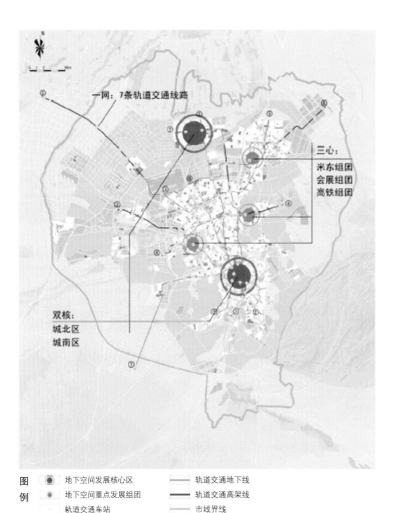

图 2　乌鲁木齐市地下空间总体布局

三、 实施情况

　　规划于 2014 年 5 月获得乌鲁木齐市人民政府批复。通过地下空间总体规划建立了地下空间规划体系，为全市地下空间开发利用规划、管理和实施提供依据；地下空间控制性详细规划对高铁片区和会展片区的地下空间建设进行了合理引导。目前高铁片区南北广场、综合管廊、会展片区文化传媒区的地下空间已建成。

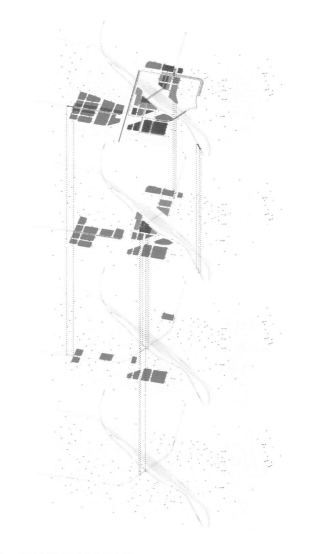

图 3　高铁片区地下空间分层布局

　　规划提出轨道交通线网优化以及新增系统型和连接型地下道路的建议，如 3、5、7 号线的延伸、2 号线的缩减、地下段线路比例提高、北京路南延伸地下道路、黑龙江路珠江路穿山隧道等；提出市政场站和管线地下化策略，选择市政设施地下化的区域；提出民防设施在地下部分的相关要求。

（二）高铁片区、会展片区控制性详细规划

　　确定重点地区地下空间开发利用的原则，选择地下空间开发核心地区，并对两个片区的核心地区进行分层规划，预测核心地区开发规模，针对高铁站南北广场（图 3）、会展文化传媒区等主要节点进一步剖析后制定地下空间分层控制图则。

29 上海市加油站专项规划（2011—2020）

上海市加油站专项规划包含《上海市机动车能源供应点规划研究》《上海市外环以外地区加油站专项规划（2011 – 2020）》两部分。前者定位于基础理论研究，旨在明确加油站在机动车能源供应体系中的功能定位和发展趋势，为加油站布局规划和选址规划提供理论依据，为不同层面加油站规划提供规范化编制的指导意见；后者定位于规划理念应用，以行政区为单位形成相对独立的"区县加油站专项规划"，旨在为地区加油站建设提供规划依据。

一、规划背景

中国成品油市场近年来发展迅速，随着中国加入 WTO，中国市场进一步具有国际化特征，日常竞争日趋激烈。根据《商务部关于印发＜成品油分销体系"十二五"发展规划编制工作总体方案＞的通知》（商商贸发〔2009〕393 号）的要求，本规划编制的目的是加强上海市成品油零售体系的宏观调控和微观管理，保证上海市成品油零售行业规范有序发展。

二、 主要内容与结论

（一）机动车能源供应系统现状分析

梳理全市机动车能源供应设施的分布与运行情况，总结相关设施的建设运行规律。

（二）能源发展趋势分析

梳理能源消费发展历程及其与社会经济的相关性，结合"可持续发展"的要求，判断机动车能源结构的发展趋势，明确传统燃油在未来机动车能源供应体系中的主导定位。

（三）机动车燃油需求预测

依据燃油在机动车能源体系中的功能定位，结合考虑土地利用与区位条件对燃油需求的影响因素，预计 2015 年市域燃油需求总量为 640~700 万吨，2020 年为 700~800 万吨。

获奖情况
2013 年度上海市优秀城乡规划设计奖　三等奖
2012 年度上海市优秀工程咨询成果奖　三等奖

编制时间
2010 年 1 月—2012 年 12 月

编制人员
岑敏、许俭俭、俞斯佳、金忠民、蔡颖、朱春节、蔡明霞、吴金城、陆寅、詹庭坚、牟金叶、陈悠悠、杨柳

（四）加油站点规模预测

参照现状加油站系统的建设运行规律，依据规划年燃油需求的预测结论，2015 年市域加油站需求总量为 930~955 个，2020 年为 975~1 000 个。

（五）加油站系统规划方法研究

在分析加油行为特征的基础上，结合考虑交通系统的空间形态特征，确定加油需求的空间分布差异性，并针对不同空间层次的加油需求特征，提出"重要节点单独布置、轴线通道对称布置、面状网络均衡布置"的系统规划方法。

（六）加油站系统评价指标体系构建

从提高系统规划合理性、促进行业管理规范性的角度，构建了由分布指标、形态指标、行业管理指标组成的加油站评价指标体系，并就评价指标在规划编制过程中的应用方式提出具体建议。

（七）远期系统布局规划

分别针对高速公路沿线站点和一般建设区公共站点，确定系统规划原则与发展思路，并结合系统现状分析评估结论，通过保留、拆除、新建等方式，以行政区为单位构建相对完善的规划年加油站系统（图 1）。

图1 2020年上海市规划加油站分布图

图例
• 现状保留加油站
• 规划新建加油站

（八）近期站点选址规划

基于"为项目实施提供规划依据"的目标，明确新建站点的建设时序，并以选址规划深度且明确地表述"十二五"期间新建站点的用地边界、用地性质等规划控制要求。

（九）总量规划

至2010年底，上海外环以外地区共有加油站592个。其中，规划保留463个、拆除129个。至2020年，上海外环以外地区将新建278个加油站，加之保留的463个加油站，将形成共计741个加油站的整体布局态势。在278个新建加油站中，"十二五"期间将建成116个。

三、创新与特色

（一）首次全面采集现状加油站数据

以现场踏勘形式采集了上海市域869个现状加油（气）站（截至2010年底）建设运营信息，为后续理论研究、规划编制提供了坚实基础资料。

（二）对机动车能源供应结构作出趋势性判断

基于全球能源消费结构转型背景，结合科技发展水平，全面分析了燃油、燃气、电等传统能源或新能源在机动车动力领域的应用前景，并依据汽车发展政策导向对未来10年上海机动车能源供应结构做出量化判断，为明确燃油在机动车能源供应体系中的功能定位奠定了基础。

（三）定量预测机动车燃油发展规模

从土地利用、空间区位、交通区位等角度，从规划层面定量预测了未来上海市机动车燃油需求的总量与分布，为合理控制规划年的加油站总量与分布提供了基本依据。

（四）创建加油站评价指标体系

针对不同的规划层面、不同的管理职责，制定了一套相对完整的加油站评价指标体系，包括分布指标、形态指标、行业管理指标等，并对各项指标的应用方式给出指导建议，为定量评价系统服务水平提供了基本手段。

（五）形成完整的加油站专项规划编制体系

在前期理论研究结论指导下，后期规划编制涵盖系统布局规划和设施选址规划，以布局规划对应总体规划、以选址规划对应控详规划，布局规划为选址规划提供上位依据、选址规划为建设行为提供土地出让依据，完整的规划编制体系有利于城市建设行为依法有序开展。

（六）构建可操作的规划控制方案

在依据评价指标体系评估现状加油站系统的合理性及可持续性时，侧重从"是否符合既有规划"角度确定现状站点的规划动态，即充分考虑了不保留站点的可拆除性，同时在确定新建站点位置时兼顾土地可得性，较有效地保障了规划方案的全面可落地实施。

（七）紧密衔接专项规划与法定规划

在确定现状站点动态、新建站点位置时，凡是涉及既有规划（包括控详规划、控制线规划等）已覆盖地区的，在保证站点布设合理的前提下，基本遵循既有规划控制要求，有利于保持既有规划的严肃性、有利于专项规划纳入城乡规划体系、有利于规划成果落地实施；对于既有规划控制要求不能满足设施布设要求的，则从区域平衡角度对既有规划提出优化调整建议，全面保障了规划的科学性、合理性。

30 上海市中长期天然气规划研究

研究探索并构建基于"地均气耗"和"CO_2 排放控制指标"的理论和指标体系，提出与城市规划紧密结合的天然气需求预测方法，具有创新性。研究采用多种方法，对全市天然气的需求总量作了量化预测，并结合当前气源供应状况及其未来发展趋势，对中长期天然气供需平衡做出了分析，得出"近期较宽松、长期仍吃紧"的结论。研究将全市天然气需求预测与天然气主干网布局相结合，提出若干主干网布局优化的规划建议。

一、研究背景

根据上海的能源结构调整战略，上海能源结构调整的重要任务即是气源结构调整。目前煤制气在上海城市燃气总量中仍占有较大比例。研究以城市规划的全新视角，结合城市总体规划和土地利用总体规划，对未来全市天然气，尤其是城市建设用地的天然气需求予以预测分析，结合各区燃气的需求强度对天然气主干网的布局提出优化建议。

二、主要内容与结论

本课题通过对多个居住社区、工业园区用气情况进行实地调研，首创"地均气耗"指标体系，并结合指数函数趋势模型、灰色模型和基于 CO_2 排放控制等方法预测上海市近、远期天然气需求量。以此为依据，分析上海市中长期天然气供需平衡，同时结合城市用地规划、天然气主干网系统，提出若干对主干网的优化建议。

（一）创新燃气预测方法，提高规划编制水平

伴随着上海城市发展，城市燃气需求与日俱增，对上海未来用气规模有定量的预测尤为必要，而需求预测方法的正确选择是判断预测结果合理性的重要手段。传统燃气规划方法较为单一，仅通过人均燃气单耗法和指数函数趋势模型、灰色模型法进行需求预测。

研究创新性地采用指标测算（地均气耗法＋发电燃气单耗法）

获奖情况
2012 年度上海市优秀工程咨询成果奖 三等奖

编制时间
2010 年 7 月—2011 年 12 月

编制人员
夏凉、陈晓鸣、何耀淳、陈克生、顾军、张长兔、蔡颖、徐国强、赵路、刘惠娟

合作单位
上海市规划和国土资源管理局
上海市燃气集团

和基于 CO_2 排放控制等方法对上海市中期（2015 年）、长期（2020 年）的天然气需求做了预测，得出了更可靠的规划预测结果（表1）。对加强和优化城市燃气规划手段、提高城市燃气规划编制水平具有重要的启示和借鉴意义。

（二）首次将城市规划与燃气专业技术相结合，建立"地均气耗"指标体系

研究创新性地提出了"地均气耗"的概念，通过对已经供应多年天然气的若干居住区进行现状用气量调查，得出"地均气耗"的规律，并在此基础上提出上海市居住类建设用地的"地均气耗"

表 1 不同预测方法下的中期及长期天然气需求预测量 （单位：亿立方米）

预测方法		规划年	
		2015 年	2020 年
指标法		–	149.95
指数函数		72.26	135.20
灰色模型		77.53	153.26
基于 CO_2 排放控制指标	基于 2005 年万元 GDP 排放 CO_2 量减少	47%	57%
	GDP 能耗的平均下降率	3.5%	2.5%
	天然气在一次能源中的比例	8.98%	14.86%
	预测量	78.53	146.32
加权平均值		76.11	146.94

平均值约 6.25 万立方米／公顷·年，而公共设施用地（含公共建筑、商业办公用地等）的指标则为 2.48 万立方米／公顷·年。同时，研究通过对不同门类工业的地均耗气指标进行归纳，提出将上海市工业区气耗水平划分为工业基地、工业园区、城镇工业等三个等级，其地均气耗指标分别为：1 500 万、750 万、250 万立方米／年·平方公里。

（三）预测燃气需求总量，预判未来供需形势

研究基于多种方法，对未来全市天然气的需求总量作了量化预测（图 1），并结合当前气源供应状况以及其未来发展趋势，对中、长期天然气供需平衡作了分析，得出"近期较宽松、长期仍吃紧"的结论（表 2）。对于把握全市天然气市场宏观形势，合理把握天然气供应设施建设的节奏具有重要的参考价值。

研究结合上海"十二五"燃气发展规划，对供应端，即至 2020 年上海天然气气源供应状况进行分析，再对比全市天然气需求预测总量，得出至 2015 年全市天然气供应尚有 19.09 亿立方

的富余，但到 2020 年时将出现 27.94 亿立方米的缺口。从供需平衡分析可以看出，上海市 2020 年可能会存在较大的天然气供应缺口。缺口的存在说明对上海的发展而言，无论是城乡建设还是产业发展，天然气的供应将作为资源供应的硬约束条件制约城市建设，并在相当程度上影响能源结构调整的顺利进行。

（四）结合城市用地布局，提出系统优化建议

研究将上海市天然气需求预测数据与天然气主干网布局叠加（具体分析图见图 2），提出若干主干网布局优化的规划建议，对于完善主干网布局，进一步协调和优化天然气主干网和城市用地空间布局提供了较有价值的意见：一是建议开展纵贯浦东新区南北的 6.0MPa 天然气管道的可行性研究；二是建议抓紧落实崇明三岛气源，及早研究横沙岛的天然气通达可行性；三是建议重视天然气主干网与城镇建设区的空间关系；四是建议抓紧落实上海天然气主干网与江苏、浙江管网的互联互通；五是建议抓紧落实五号沟—长兴—崇明的规划输气管升压研究。

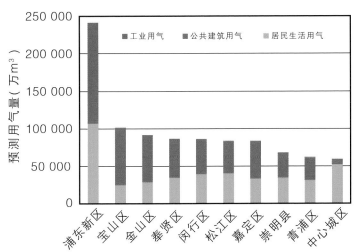

图 1 上海各区区县预测用气量

表 2 中长期天然气供需总量及缺口预测

年份		2015	2020
气源	西气东输一线	23.7	30
	东海平湖气	2.5	—
	川气东送	10	20
	进口 LNG	39	39
	西气东输二线	20	30
	东海西湖凹陷	—	—
	中俄东线	—	—
天然气供应预测量（亿立方米）		95.2	119
天然气需求预测量（亿立方米）		76.11	146.94
缺口（亿立方米）		19.09	-27.94

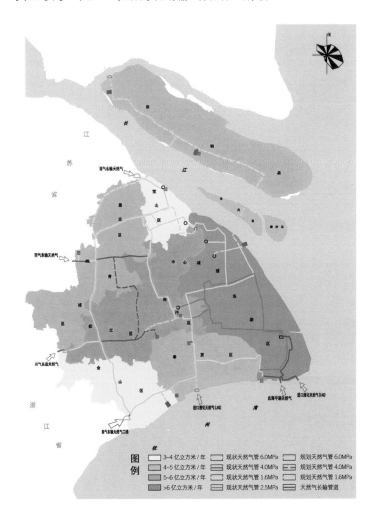

图 2 全市天然气主干网与各区区县规划用气水平叠加分析图

31 上海市文化设施建设规划
（2011—2020）

在城市转型发展的大背景下，上海在文化发展方面面临着巨大的挑战。对于上海建设国际化大都市而言，城市文化的影响力也起着至关重要的作用。文化的发展既能促进产业的转型发展，也能够提升城市的公共空间品质。在此背景之下，开展了文化设施建设规划的编制工作，通过借鉴国际大都市的经验，从营造文化氛围的角度出发，全面研究新形势下上海文化设施发展存在的问题，并得出相应的对策。

编制时间
2011 年 7 月—2013 年 6 月

编制人员
熊鲁霞、詹运洲、郭淳彬、毛春鸣、范晓瑜、欧胜兰、吴芳芳

一、 规划背景

上海的文化设施建设在城市总体规划以及历次文化设施专项的指导下取得了很大进展，从 1949 年前历史悠久的文化设施，到改革开放后建设的上海博物馆、上海图书馆等，再到 21 世纪初建设的东方艺术中心等文化设施，上海的文化品质得到逐步提升。2011 年，随着中国共产党第十七届中央委员会第六次全体会议审议通过《中共中央关于深化文化体制改革、推动社会主义文化大发展大繁荣若干重大问题的决定》，上海也随之颁布了一系列政策大力推进国际文化大都市的建设。

二、 主要内容与结论

规划包含 1 个全市文化设施建设规划和 7 个子专项规划。在主要内容方面，本规划包含现状文化设施空间分析、设施布局原则、总体空间布局、分类布局导向等主要部分。

文化设施现状分析从现状空间布局出发，研究了全市文化设施空间的布局特征。规划在布局原则方面从国际化大都市的发展趋势出发，结合上海文化设施发展的问题，确定了以下核心原则：①激发城市文化活力；②呼应城市空间拓展；③充分结合文化资源；④促进设施混合使用。

总体空间布局以上一轮上海市文化设施规划为基础，规划确定新一轮的文化设施总体布局结构（图 1）：①延伸"一轴"布局，呼应城市的东西向拓展方向；②强化"两河"布局，充分利用上海黄浦江苏州河这两条"文脉"来进行文化设施的布局，形成城市的标志性公共区域；③构建"多心"布局，紧扣城市的中心、副中心以及各个郊区的新城中心进行文化设施的建设；④拓展"特色文化活动区"布局，突出中心城的历史文化街区以及郊区古镇内的文化设施建设；⑤完善"城乡文化服务体系"布局。

结合城市的总体结构，规划中主要关注以下重点区域的文化设施建设：①城市的各级公共中心区域；②城市岸线、大型公共绿地等拥有独特自然资源的区域；③拥有城市历史资源的区域；④城市居民集中的地区；⑤未来城市发展拓展的重点区域。

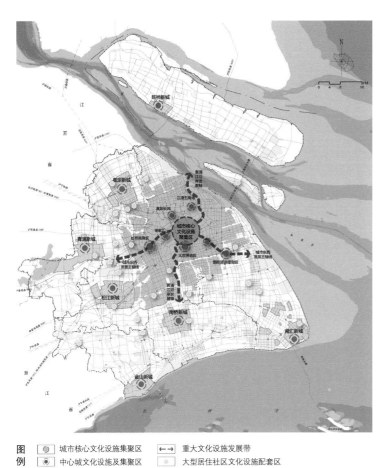

图
例

◉ 城市核心文化设施集聚区　　←→ 重大文化设施发展带
◉ 中心城文化设施及集聚区　　◎ 大型居住社区文化设施配套区
◉ 郊区新城文化设施集聚区

图1　文化设施规划总体发展结构

三、 创新与特色

结合1个总规划和7个子规划对文化设施规划编制体系进行探索，通过自下而上的规划方式，在专项、区县以及全市等不同层面上与规划部门进行沟通，完善全市文化设施建设规划的深度和内容，探索全面基于规划管控的文化设施规划编制体系（具体对文化设施的分类可见图2）。通过建立专项规划体系，衔接法定城市规划和项目建设。同时，通过逐步完善上海市文化设施基础数据，为规划提供技术支撑。

本次规划通过对现状文化设施数据进行详细的研究，大大完善了原有的文化设施数据，并结合GIS平台，将文化设施基础数据入库，为将来的规划以及年度的规划分析提供了良好的基础。

四、 实施情况

在规划的指引下，大量新的标志性文化设施如中华艺术宫、上海当代艺术博物馆以及梅赛德斯-奔驰文化中心相继投入使用，为建设国际文化大都市谱写了新的篇章。

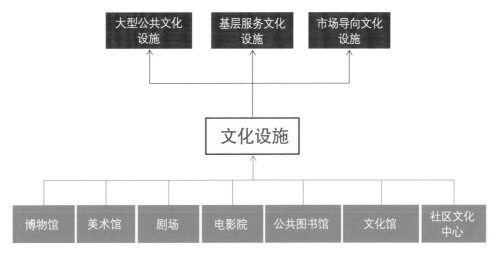

图2　文化设施分类

城市修补与生态修复

住建部在《关于加强生态修复城市修补工作的指导意见》中指出："开展生态修复、城市修补，是治理'城市病'、改善人居环境的重要行动，是推动供给侧改革、补足城市短板的客观需要，是城市转变发展方式的重要标志。""城市双修"是存量规划时期的重要建设方式，上规院在过去的规划实践中，聚焦城市存量地区，着眼于城市郊野空间，从两方面分别展开对于"城市双修"工作的探索。

目前，上海已经进入存量规划时期，新一轮城市总规提出了"减量化"的要求，城市发展从外延式扩张转向内涵式发展，关注老城区、老建筑的内在价值，开展有机更新的探索，是开展"城市双修"工作的重要尝试。近年来，上规院完成了数个中心城区改造规划项目和研究，如上海市中心城旧改规划研究、徐汇区复兴路沿线地区控详规划、静安区张园修详规划等。在城市生态修复方面，上规院着眼于上海的郊野生态空间，开展了特大城市生态空间规划研究、基本生态网络规划和郊野公园生态专项规划，注重城市与生态的共生关系，在规划的实践和研究中充分体现了生态修复工作的整体性和系统性。

01 历史建筑价值评估体系与应用研究

获奖情况
2010 年度上海市优秀工程咨询成果奖　三等奖

编制时间
2007 年 4 月—2009 年 9 月

编制人员
奚东帆、奚文沁、张惠良、吴秋晴

价值评估是历史建筑保护与利用的核心环节。在深入研究国内外历史保护理论与法规的基础上，从文化、社会、经济、环境、物质本体等方面提炼历史建筑的价值要素，建立价值评估体系，并根据历史建筑的关键特征提出核心价值判定标准。在价值评估的基础上，提出历史建筑保护与更新利用的系统方法。最后，选取典型建筑进行实证检验，用价值评估的方法指导历史建筑的保护与更新利用。

一、研究背景

在历史保护领域中，规划和建筑管理"重保护，轻利用"，建设与使用中则"重利用，轻保护"，二者存在明显的价值观差异。而规划中对于历史建筑的利用则缺乏科学的研究方法，又导致规划对策过于主观。以上种种问题，使得历史建筑的保护与利用严重脱节，历史建筑不能物尽其用，甚至由于不合理利用而遭到破坏。为进一步推进上海城市历史文化遗产保护工作，开展了历史建筑价值评估体系与应用研究。

二、主要内容与结论

研究从历史建筑的内在价值出发，提出价值评估体系及基于该体系的建筑利用方法，并通过典型案例的实证分析，对此价值评估体系进行检验。

（一）基础研究

界定研究对象，剖析建筑价值的内涵，并开展对国内外历史建筑更新利用实践的研究。

（二）历史建筑价值评估体系研究

研究历史建筑评估的相关理论以及国内外城市在建筑保护领域的制度设计，针对上海历史保护的实际情况，建立历史建筑价值评估体系，并针对不同对象提出价值评估的权重分配及核心价值判定标准。

（三）价值评估体系应用研究

在价值评估体系基础上，建立历史建筑更新利用的系统方法，并选择不同类型的典型历史建筑，开展价值评估以及更新利用的方法研究，从而对研究结论进行实证检验。

三、创新与特色

（一）研究对象的选取具有现实性和开创性

研究创造性地将研究对象聚焦于建筑的价值，为历史建筑的保护与利用奠定科学基础，有助于摆脱文化与经济简单对立、互不相容的思路，打破"为保护而保护"的窠臼，为文化遗产寻找真正适合的保护和发展方式，使历史遗产保护具有生命力和可持续性，使历史文化保护事业融入城市发展的进程。

（二）价值评估体系研究全面深入，具有广泛的理论价值

价值评估体系不仅借鉴了相关理论研究，更全面研究了国内外城市既有的对于历史建筑分类和价值判定规范标准，在此基础上结合上海实际，建立起涵盖文化、社会、经济、环境、物质本体等多方面、多层面要素的价值体系，保证了理论研究的扎实深入。

（三）理论体系与方法论研究紧密结合，使研究成果具有现实意义

研究将价值评估体系应用于历史建筑的调研与更新利用对策。在指标体系的基础上，建立"建筑调研—价值评估与核心价值判定—更新利用对策"的历史建筑更新利用研究方法。

（四）广泛而严密的实证分析，保证了研究成果的严谨和科学

实证研究是本项研究的重点和亮点之一。通过实证研究对历史建筑的价值评估体系及应用的方法进行检验，既有利于检验理论研究和方法论的科学性和可操作性，又具有研究应用的示范效果。

02 上海市第一至四批优秀历史建筑保护技术规定修订

获奖情况
2015 年度上海市优秀城乡规划设计奖（城市规划类）
二等奖
2014 年度上海市优秀工程咨询成果奖　二等奖

编制时间
2011 年 8 月—2013 年 7 月

编制人员
胡莉莉、陈鹏、施燕、李俊、扎博文、王梦亚、杨莉、
陆远、楚天舒、徐继荣、石硐

为切实提高优秀历史建筑保护精细化管理水平，统一各批次优秀历史建筑保护技术规定表达形式和成果深度，2012 年初由市规土局牵头、市文物局和市房管局配合，对上海市 632 处优秀历史建筑保护技术规定进行修订。修订主要以第四批优秀历史建筑保护技术规定为蓝本，统一法定图则的成果形式与管理深度，增加实景照片，并对相关保护要求和历史信息进行勘误。通过对优秀历史建筑的历史图纸的调阅、历史人文信息的收集和整理，为每一处历史建筑建立信息管理档案，形成"一图一表、一房一册"的工作成果指导日常管理与修缮工作。

一、规划背景

上海历史文化悠久，城市风貌独特，优秀建筑荟萃。第一至四批优秀历史建筑先后于 1989 年、1994 年、1999 年、2005 年由市政府公布，总计 632 处，从 1989 年公布第一批优秀历史建筑至今，已跨越 20 余年。由于《上海市优秀历史建筑保护技术规定》从初期到逐步完备有一个过程，因此各批次优秀历史建筑的保护技术规定表达形式和成果深度均不一致。2012 年，开展了上海市第一至四批优秀历史建筑保护技术规定修订工作，通过整合三方审批与管理资源，形成优秀历史建筑 "一图一表"管理模式。

二、主要成果内容

本次保护技术规定修订主要内容包括：统一第一至四批共 632 处优秀历史建筑的法定图则表达形式。以第四批保护技术规定为蓝本，收集整理历史建筑的铭牌信息、使用功能、利用情况、现状照片等信息，对优秀历史建筑保护技术规定的法定内容进行校核与勘误，做到一处建筑一张图表。除上报市政府的法定图则以外，为方便日常规划管理工作，还制作了工作版控制图则。

为协助各级政府摸清区内优秀历史建筑情况，并方便日常管理和快速查询，规划完成了各行政区优秀历史建筑的布局索引图。

在法定图则工作基础上，建立针对每一处优秀历史建筑的"一房一册"的信息档案。通过走访相关专家、部门和历史城建档案馆，收集、补充完善历史照片、历史图纸和人文信息，完善优秀历史建筑的保护要求和控制原则，以便指导建筑保护与修缮工作。

三、成果创新点

一是对海量信息收集、整理和勘误，为每一处优秀历史建筑建立信息管理档案；二是形成"一图一表、一房一册"的工作成果指导优秀历史建筑管理与修缮工作；三

是完成优秀历史建筑与城市道路红线的比对，对涉及冲突的部分提出三类解决方案；四是构建健全的组织架构与工作保障制度，确保工作开展的可持续性；五是充分发挥专家特别论证制度在工作中的作用。

四、实施情况

本规划成果于 2013 年 5 月经上海市历史文化风貌区和优秀历史建筑保护专家委员会审议通过，同年 11 月获市政府批复（沪府〔2013〕102 号）。相关成果已在市规土局政府官网上信息公开，并下发各区县政府、各有关部门执行（部分成果见图1，图2）。

修订后的《上海市优秀历史建筑保护技术规定》将更有效地指导优秀历史建筑修缮项目以及保护范围和建设控制范围内建设项目的审批和实施，对加强优秀历史建筑和历史风貌保护、促进城市建设与社会文化协调起到重要促进作用。在其指导下，"绿房子"（吴同文住宅）等一批优秀历史建筑已成功完成保护修缮工作（图3）。2014年6月14日的文化遗产日上，修缮后的"绿房子"迎来数万名前来排队参观的热心市民。

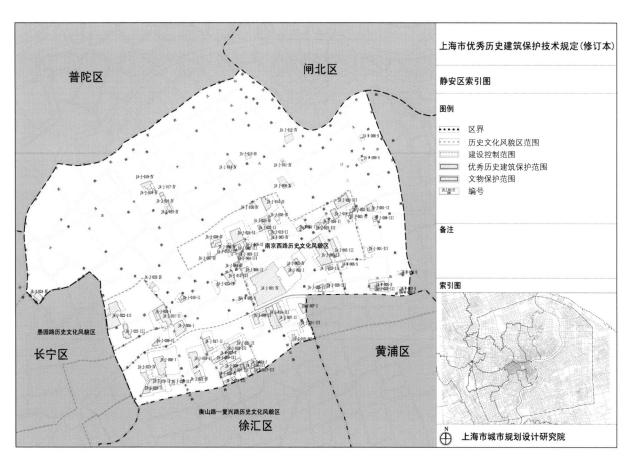

图1　静安区优秀历史建筑分布图

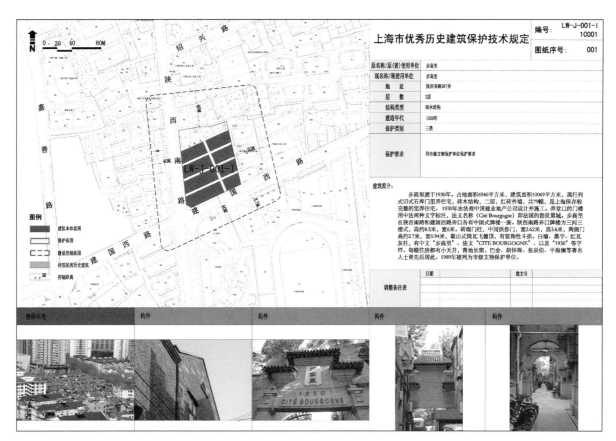

图 2　步高里保护技术规定图则

修缮前　　　　　　　　　　　　　　　　　修缮后

图 3　绿房子修缮前后对比

03 上海市中心城旧区改造规划研究

以旧区改造和城市规划管理为主要研究对象，通过现存问题及发展困难的分析，结合上海"十二五"期间发展战略，有针对性地提出相应的规划及实施策略的建议。从剖析城市规划、建设实施和旧区改造的关系入手，探索了旧区改造中城市规划和建设实施、管理机制存在的相关问题，构建了完整的规划策略体系，提出多方面的策略"组合拳"，有利于更好地推进上海市中心城旧区改造工作。

一、研究背景

随着上海加快推进"四个率先"、加快建设"四个中心"和社会主义现代化国际大都市建设，转变发展方式，切实改善民生，如何进一步改善广大居民生活水平和居住环境已成为人们所关注的重要问题。旧区改造是重要的民生工作，是改善广大市民群众居住条件的重要途径，是上海住房保障体系建设的重要内容。旧区改造工作以解决群众的居住困难为根本目的，公益性强，涉及面广。其中，土地储备是旧区改造中的一个重要手段。此次研究以土地储备机制为切入点，为推进上海中心城的旧改工作进行有益的探索。

依据城市规划，有目的、有计划、有步骤地推进城市旧区改造，这对于深化城市土地使用制度改革、在新形势下完善宏观调控方式、改进土地供应方式、强化宏观调控绩效、实现土地资源配置和社会经济发展之间的动态平衡，以及推进城市经济可持续发展，有着极其重要的战略意义与应用价值。

二、主要内容与结论

研究针对上海市中心城地区的旧区改造工作进行深入思考，从城市规划角度出发，兼顾其他相关因素作用机制的研究，针对上海中心城旧区改造的目标和实际工作中遇到的问题，提出紧密衔接、联合互动的规划策略，同时对其他重要相关方面提出实施建议，为相关管理及规划实施等方面提供思考方向，进一步完善相关机制，更好地推进旧区改造，尽快改善居民生活水平（具体工作思路见图1）。

（一）分析上海以往旧改演变过程并总结经验

从旧区概况、改造方式、改造的规模和运作四方面分析上海市中心城不同阶段旧区改造的演变历程和特点，并在此基础上，总结旧区改造的成效和相关的成功经验。

获奖情况：
2013 年度上海市优秀工程咨询成果奖 三等奖

编制时间
2010 年 4 月—2013 年 4 月

编制人员
李天华、奚文沁、邹钧文

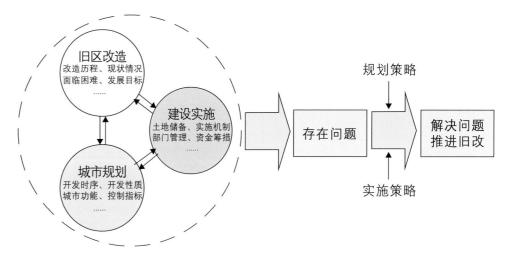

图1 工作思路

（二）梳理和分析中心城的旧区现状情况

结合上海市建交委旧区的改造数据库管理信息，统计并分析了上海中心城旧区内二级旧里以下房屋的分布情况和区位条件（图2）。分析表明目前仍有相当规模旧区有待改造，任务依然艰巨。

（三）梳理和分析中心城的旧区规划情况

根据已批准的控制性详细规划、单元规划，梳理中心城旧区地块的规划情况。通过分析可知，对于旧改地块的现有城市规划、实施流程和规划管理流程仍存在一定的优化完善空间（图3）。

（四）提出针对性的规划和实施策略

在开发条件、规划情况等分析的基础上，提出具体的规划优化建议，包括合理的改造时序、"拆、改、留、保"的改造措施、零星地块的改造等。

在建设实施机制方面，为加强土地储备机制的可实施性，提出了涉及资金筹措、法律体系、管理办法、部门机构管理、监管、公众参与和自身运作等各方面内容的一系列配套措施。在资金筹措方面，建议尽可能扩大良性资金来源，并提出"私人主动融资"等建议；建议进一步完善相关法律法规和办法，规范土地使用；建议进一步完善管理办法和社会稳定风险评估机制；对各级别、各部门以及相关储备机构、相关工作人员等提出管理机制优化的措施；对相关的监管机制、参与机制、保障房筹措等方面也提出了具体建议。

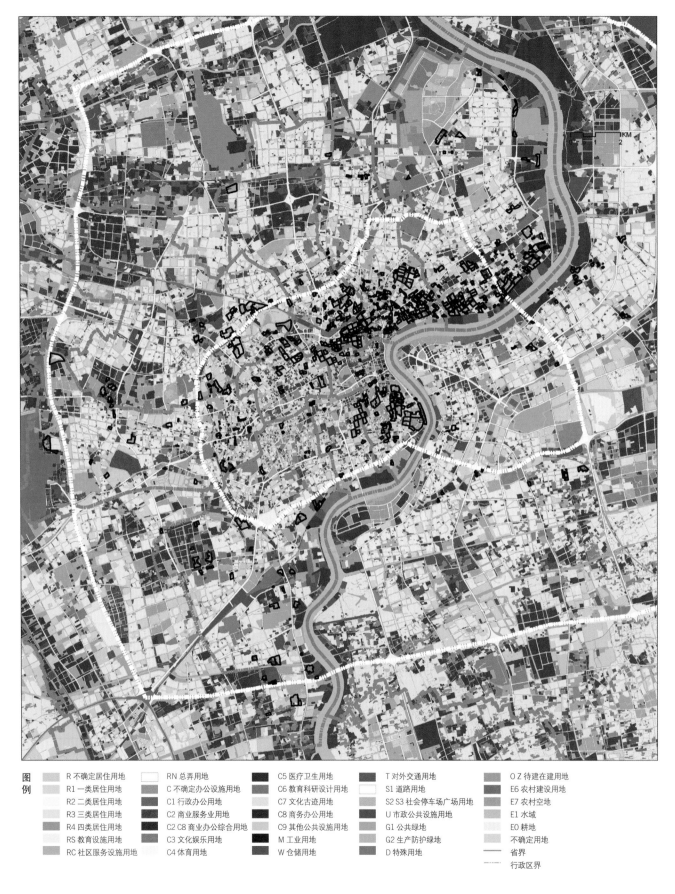

图
例

R 不确定居住用地	RN 总弄用地	C5 医疗卫生用地	T 对外交通用地	O Z 待建在建用地
R1 一类居住用地	C 不确定办公设施用地	C6 教育科研设计用地	S1 道路用地	E6 农村建设用地
R2 二类居住用地	C1 行政办公用地	C7 文化古迹用地	S2 S3 社会停车场广场用地	E7 农村空地
R3 三类居住用地	C2 商业服务业用地	C8 商务办公用地	U 市政公共设施用地	E1 水域
R4 四类居住用地	C2 C8 商业办公综合用地	C9 其他公共设施用地	G1 公共绿地	E0 耕地
RS 教育设施用地	C3 文化娱乐用地	M 工业用地	G2 生产防护绿地	不确定用地
RC 社区服务设施用地	C4 体育用地	W 仓储用地	D 特殊用地	省界
				行政区界

图 2　上海中心城现状旧区分布图

图 3　上海市中心城已批控详与旧改地块对照分析图

04 徐汇区风貌保护道路复兴中路沿线区域修建性详细规划

规划致力于维护和强化复兴中路的个性和细节，通过导则与图则对于复兴中路规划范围内的街道公共空间、建筑立面和重点整治要素提出具体的规划设计要求，为近期综合整治后将在复兴中路陆续出现的沿线单位或业主的项目提供长效规划管理的依据。同时，规划明确复兴中路规划范围内存在显著问题或具有明显优化潜力的部位及其范围，提出近期的规划设计要求，为政府管理部门和该部位的使用单位或业主实现近期的综合整治举措提供依据和参考。

一、规划背景

为加强风貌保护，上海市于 2005 年编制完成《上海市中心城历史文化风貌区保护道路规划》，确定了位于历史文化风貌区内的 144 条风貌保护道路和街巷（其中复兴中路风貌道路保护规划范围见图 1）。在上述规划和《衡山路—复兴路历史文化风貌区保护规划》的基础上，上海市城市规划设计研究院于 2013 年承接本规划编制工作，致力于维护和强化复兴中路的特色，控制与指导复兴中路沿线的街道空间优化、历史建筑的保护与修缮、可见环境要素的整治等各项保护与建设活动。

二、主要内容与结论

本次规划根据道路的风貌特征与现状问题，提出 4 条规划策略：一是风貌延续上，保护街道风貌，协调各项要素；二是空间营造上，保持街道尺度，梳理人行空间；三是氛围渲染上，营造特色格调，塑造宜人环境；四是交通梳理上，细化交通组织，合理安排停车（图 2）。

三、创新与特色

与以往风貌道路保护规划以业态优化和规划设计为主不同，本规划以实际工作的可操作性、可控制引导性为原则，主要创新特色有以下 3 点：①建立风貌道路基础数据平台，实现长效精细化管理；②统一风貌特征评价原则，直接指导规划控制策略；③指明并挖掘问题与潜力部位，为建设方案留有余地。

获奖情况：
2015 年度上海市优秀工程咨询成果奖 三等奖

编制时间
2013 年 5 月—2014 年 2 月

编制人员
吴秋晴、王睿、扎博文、徐继荣

合作单位
华东理工大学

四、实施情况

目前，徐汇区规土局已建立风貌保护道路基础数据平台，作为徐汇区规土局长效规划管理的依据。在风貌道路今后的建设、沿街建筑改造与修缮、沿街商铺业态更替中，本规划成果与基础数据平台可作为直接指导依据，引导正确的建设方向。

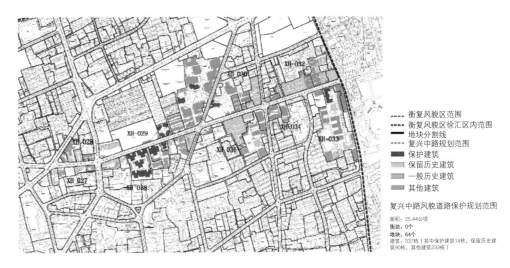

图 1　复兴中路风貌道路保护规划范围

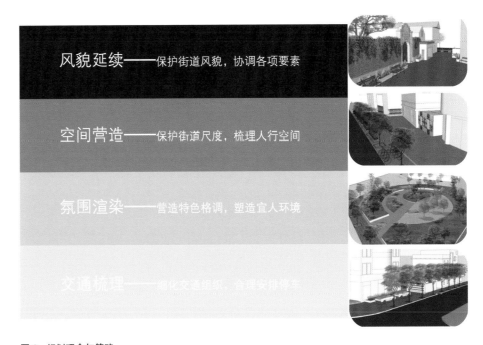

图 2　规划理念与策略

05 上海市古树名木及后续资源保护规划

为响应党的"十八大"建设美丽中国，推进生态文明建设的总体要求，上海首次开展此类规划研究。上海市目前共有古树、名木及后续资源 2 605 棵，通过对树木生长情况与周边环境的现状分析，总结影响树木生长的因素，制定规划通则与分区导则，指导各区"一树一议"的图则编制。构建规划编制、条例修订、综合管理、公众参与四位一体的保障体系，切实推进保护工作的开展。

获奖情况：
2015 年度上海市优秀工程咨询成果奖　二等奖

编制时间
2013 年 9 月—2015 年 5 月

编制人员
詹运洲、周凌、杨文耀、郭淳彬、李艳、宋歌、冯洁、
王恺骏、王彬

一、规划背景

为响应党的"十八大"建设美丽中国，推进生态文明建设的总体要求，上海市绿化和市容管理局组织编制了上海市古树名木及后续资源的保护规划。上海市目前共有古树、名木及后续资源 2 605 棵，这些树木是城市自然环境和人文环境的重要瑰宝，保护古树名木及后续资源不仅是对城市"绿色文物"的尊重，更是城市文脉的延续。

二、主要内容与结论

（一）现状分析

从本体特征、空间分布、自然环境、建设环境 4 个方面 16 项指标进行评价，总结趋势与问题。

（二）影响评价

基于问题导向，归纳影响树木生长的内在需求与外部的环境要素，从土壤标高、植被铺装、光照条件、空气环境、自然灾害和人工活动等维度分析对树木生长造成影响的因素，明确周边建设活动的负面清单，为通则制定奠定基础。

（三）规划通则

在原条例基础上增加了控制区和影响区的管控范围。保护区范围为现状树冠外 2 米或 5 米，考虑树木根系潜在生长范围，以理想树冠范围划定控制区，结合地理要素划定影响区，形成两线三区的空间层次（图 1）。根据树龄以及历史文化价值形成 4 档分级，分级划定管控范围。

（四）分区导则

协调保护与发展利用的关系，分不同功能地区提出引导导则。全市分为9大功能区，结合具体案例的引导示意，对树木周边环境提出近期整治和远期控制要求。

（五）保障支撑

构建规划编制、条例修订、综合管理、公众参与四位一体的保障体系。

三、创新与特色

一是形成以专项要素分类的控制性通则与以地区功能分类的引导性导则的双控系统，明确底线控制、合理利用的原则；二是现状调研与基础属性数据库构建先行；三是加强规划实施的程序保障，对树木周边环境的建设审批进行全过程介入，在项目前期规划编制、项目中期一书两证以及竣工阶段通过参与会审、意见征询、竣工验收等多种形式确保规划实施；四是多样化公众宣传与参与形式，提升公众保护意识。

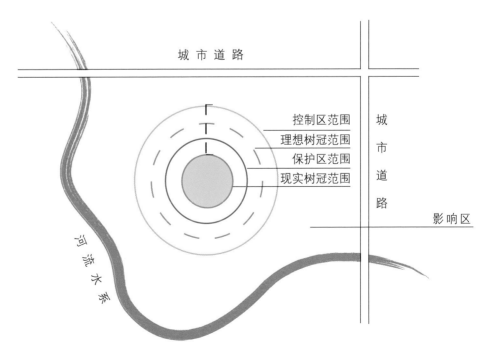

图1 树木保护区、控制区与影响区范围划定示意图

06 上海市第五批优秀历史建筑申报

上海在建设"全球城市"的目标下，更加注重对历史文化的保留与传承。为更好地保护城市历史文化资源，2013年上海市历保办正式启动上海市第五批优秀历史建筑推荐申报工作。遴选申报工作历时两年，踏勘覆盖全市，本次申报拓展了优秀历史建筑的类型，关注亟需保护的石库门、工业遗产、乡土建筑等类型，在中心城和郊区采用差异化的遴选准入标准，最终确认426处名单并获得上海市人民政府批复。

一、规划背景

上海新一轮"创新驱动、转型发展"更加注重对历史文化的保留与传承，尤其是中心城的发展思路已经从"旧城改造"转向"有机更新"的精细化管理。特别是体现上海地域特色的里弄住宅的保护和占地面积较大的工业遗产等，由于没有法定的保护身份和相应的政策支持，长期得不到合理的保护和利用，甚至在新一轮城市更新和旧城改造中面临被拆除的危险，引起社会各界越来越多有识之士的关注与呼吁，迫切需要对其进行广泛性、抢救性的保护。

二、主要内容与结论

鉴于第四批推优工作重点关注中心城，本次推荐工作范围涵盖中心城及郊区。由于中心城和郊区在建筑类型、风貌价值特征等方面差异较大，因此在踏勘工作中侧重点有所区别。

其一，在中心城范围内重点关注：①区县上报名单、社会征集和专家推荐名单；② 12个风貌区内的保留历史建筑，尤其是核心保护范围内的保留历史建筑；③新增风貌特色街坊内的推优建筑；④零星街坊内的特色历史建筑；⑤控规中所确定的保留历史建筑。

其二，在浦东新区和郊区重点关注：①区县上报名单、社会征集名单；②郊区32片历史文化风貌区内的保留历史建筑。

此外，由于郊区的建筑质量、建筑风格类型与中心城相比有较大差距，需要根据实际情况对标准进行适当调整，主要推荐申报：①体现上海郊区地域建筑特色居住类建筑，包括院落格局保存完整和特色核心构件保存完好或按原样修缮两种类型；②具有重要人文和历史典故的名人故居；③兼顾不同类型和风格且具有一定规模和特征的非居住建筑，包括重要的历史园林、公园等；④针对整体保存状况一般，但建筑核心构件完好且特色鲜明的建筑建议列入名单并鼓励进行修缮。

获奖情况：
2015年度上海市优秀工程咨询成果奖 二等奖

编制时间
2014年1月—2015年8月

编制人员
奚文沁、胡莉莉、陈鹏、李俊、陆远、潘勋、施燕、扎博文、石砢

图1 宝山区罗店赵巷街136号

图2 虹口区丰乐里，四川北路1999弄

三、创新与特色

规划理念上主要体现在拓展保护对象类型、留住城市文脉基底和守住上海城市乡愁三大创新，具体体现在：①注重从保育历史性城市景观的角度出发，将过去"精英性"的遗产概念向"普适性"拓展；②注重恪守城市文化底线，保护作为城市文脉重要基底、面临城市建设压力且急需保护的石库门里弄、工业遗产、工人新村、近现代建筑等对象；③关注视野从中心城向市域郊区拓展，守住上海城市的"乡愁"。此外，规划亦重点保护体现上海郊区地域特色的居住类建筑、具有典故的名人故居及重要的园林和公园等。

而工作机制上创新主要体现在多方参与、制定标准，广域踏勘、用脚丈量，制度保障、专家把关等方面。

四、应用情况

本次申报工作在数量、类型和分布上都有着巨大的飞跃。2015年3月《解放日报》、上海市政府官方微博"上海发布"等主流媒体都用大量版面发布了第五批优秀历史建筑的初步名单，公示期间名单得到了社会各界和专家的一致好评（部分实景照片见图1~图3）。2015年8月，上海市人民政府正式批复《第五批优秀历史建筑申报名单》。

图3 第五批优秀历史建筑照片（中心城）

07 张家花园（静安区 42 号街坊）环境整治规划

规划在研究张家花园历史沿革与人文底蕴的基础之上，谨慎提出其环境各要素的整治导则，并规划多处节点方案。本规划希望能够在保持传统空间与人口特征的同时，逐步引入多形式的公益与半公益性项目，提供更多的社区公共设施，并改善空间品质，以保障原住民的利益。期望依托轨道交通站线开发的契机，将历史上张园的公共活力复苏，成为南京西路社区对外展示上海特色建筑艺术与传统生活风貌的一个区域。

编制时间
2009 年 6 月—2009 年 10 月

编制人员
吴秋晴、陈敏

一、研究背景

随着城市建设发展的不断深入，开展历史风貌区保护工作的需求日益迫切。只有依托各类物质文化遗存的保护利用，方能带动中心城区的更新与复兴。张家花园（静安区 42 号街坊）环境整治规划，作为服务世博、参与世博的重要载体，以突出城市特色为重点，对整体环境进行综合整治，展示历史文化内涵，提升区域品质。

二、主要成果与结论

规划研究范围北至吴江路、南至威海路、东至石门一路、西至茂名北路，曾是晚清民国初期上海面积最大的对外开放园林——张园。经营性园林的昔日辉煌体现了海派生活方式的嬗变，同时它也是上海现存规模较为完整、建筑质量较高的里弄住区之一。其建筑中西合璧、形式多样，充分展现海派建筑五洋杂陈的独特魅力。

规划思考历史环境改变下隐含的社会结构变动，不仅仅停留于环境整治的层面，而是更关注其内在的社会问题，进行多层面的思考，给予应有的人文关怀（具体整治方案见图1，图2）。

（一）尊重历史、"形神兼备"

基于历史人文，谨慎提出整治导则，细致而翔实地提出引导与改造措施。同时保留大部分居住社区，搭建传统建筑艺术与生活展示区，最大程度保留优秀建筑与历史空间尺度。

（二）人文关怀，维系原有社会网络

规划强调以原住民为关注中心，提倡公益性为主导的功能开发，逐步引入多形式的公益与半公益性项目（如社区历史展示馆、社区文化中心等）。同时致力于改善居住环境品质，对外部街巷空间及建筑实体进行质量和风格的改善，并针对当前被荒置或占用现象严重的内部庭院进行统一整治。

遮阳棚，室外休憩座椅

改造与经典茂名公寓相隔的围墙，规划为木质透景围墙

在现状绿化的基础上形成一处庭院绿化

设置小型餐饮服务设施，形式建议为黑色框架玻璃体

木亭，成为两条弄巷的对景

VIP机动车停车位

泰兴路

海港滨路

规整块石铺装

增加垂直绿化，遮蔽一定海港宾馆立面

木栈道中铺装，之间设置树穴种植小型乔木，以隔出休憩空间

保留原有庭院及围墙

图1 海港宾馆节点整治方案

（三）服务世博，确保进度

在有限时间内，以主弄（泰兴路）为主要整治对象，以点线带面，扩大成效。同时关注近期需求，重点解决世博期间停车不足的困难，并通过合理的游线规划避免对于原住民的生活干扰。此外还通过节点案例与普遍性通则相结合的手法，便于社区管理，可行性强。

（四）循序开发、社区引导与居民共建相结合

通过示范接待点设置等措施强化居民参与，提高社区凝聚力。激发原住民自发形成的推动力，探索更积极的旧城复兴模式。

图2 居住环境整治效果示意图

08 乌鲁木齐市老城区改造提升整体规划

城市更新多以优化城市布局、改善基础设施、整治环境、振兴经济等为基本目标。乌鲁木齐市老城区作为多民族高度混居的区域，其更新规划不但需要落实以上目标，更需要为推进乌鲁木齐市的"社会稳定和长治久安"贡献力量。乌鲁木齐市老城区更新规划从其自身特色出发，以"因地制宜""两增两减""双向匹配""嵌入式发展""延续风貌"等策略措施为支撑，通过"自上而下"与"自下而上"相结合的技术路线予以落实。

一、规划背景

根据国家"一带一路"建设战略规划，新疆被定位为丝绸之路经济带核心区，作为首府的乌鲁木齐市肩负重任（图1）。服务功能集聚、文化资源丰富、商贸经济发达的老城区，是实现城市"五大中心"建设发展目标的重要支点，虽负重奋进却也举步维艰，面临城市更新的迫切需求。

二、主要内容与结论

（一）主要难点

乌鲁木齐老城区总面积 52.9 平方公里，空间范围大、地区差异迥然，诸多问题和层层桎梏阻碍乌鲁木齐市社会经济全面发展。

（二）规划目标与技术路线

规划关注以人为本、立足公共利益、兼顾可操作性，将乌鲁木齐市老城区打造成民族融合、社会稳定、长治久安、集聚活力的宜居、宜业、宜游的综合性城区，提升

获奖情况：
2015 年度新疆自治区优秀城乡规划设计奖 一等奖

编制时间
2013 年 12 月—2016 年 1 月

编制人员
王嘉瀌、郭鉴、杨莉、王云鹏、张威、黄轶伦、李钰、郑迪、沈海琴、王梦亚、刘静、马慧娟、蔡光宇、柯思思、辛泽强

合作单位
乌鲁木齐市城市规划设计研究院

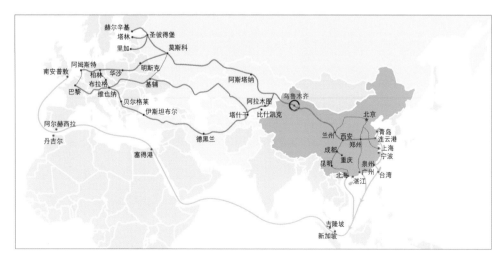

图1　乌鲁木齐在丝绸之路经济带的区位

为兼具政务金融中心、医疗服务中心、特色游憩商业区、文化创意高地、和谐宜居城区职能的繁荣活力城区,焕发老城区的生机活力,促进乌鲁木齐市长治久安、繁荣发展。

规划建立宏观、中观、微观三个层面的技术路线:宏观上,总体指引;中观上,任务分解;微观上,示范落实。

(三)城市更新策略

遵循城市更新理念,顺应时代发展,考虑可操作性,规划提出五大规划策略:①以"因地制宜"思路统筹区域发展(图2);②以"两增两减"思路优化功能构成(图3);③以"双向匹配"思路提升居住品质(图4);④以"嵌入式"思路推动多民族和谐共处(图5);⑤以"延续风貌"思路留存城市记忆。

三、实施情况

本规划自2014年12月30日获乌鲁木齐市人民政府批准后,引领老城区城市更新工作全面启动,一批大型公共服务设施项目开工建设,二道桥、大湾等重点地区产业功能转型提升,城区面貌日新月异。

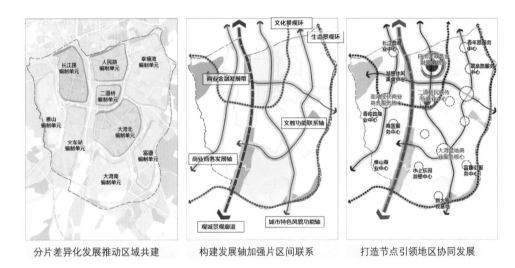

分片差异化发展推动区域共建　　构建发展轴加强片区间联系　　打造节点引领地区协同发展

图2　统筹区域要素的空间布局

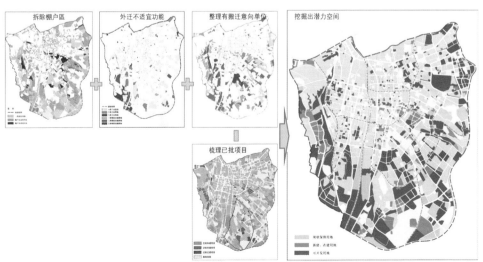

图3　以"两减"思路梳理出更新发展的潜力空间

		公园绿地			中小学用地			医疗卫生用地			道路用地		
		现状	可增加	规划	现状	可增加	规划	现状	可增加	规划	现状	可增加	规划
用地面积	–	470公顷	+130公顷	600公顷	144公顷	5公顷	149公顷	63公顷	9公顷	72公顷	562公顷	238公顷	800公顷
参考规划及可容纳人口	《城市用地分类与规划建设用地标准》	人均≥8平方米/人			–			–			人均≥10平方米/人		
	可容纳人口/万	≤59	+≤16	≤75	–			–			≤56	+≤24	≤80
	《城市公共设施规划规范》	–	–	–	1~2.4平方米/人			0.9~1.1平方米/人			–		
	可容纳人口/万	–	–	–	60~144	0	62~149	57~70	+8~10	65~80	–		
	《宜居城市》评价体系	人均10平方米/人			–			–			人均15平方米/人		
	可容纳人口/万	47	+13	60	–			–			37	+16	53
	《乌鲁木齐市城市总体规划（2012-2020）》	人均9.7平方米/人			–			人均1.1平方米/人			人均18平方米/人		
	可容纳人口/万	48	+13	61	–			57	+8	65	30	13	43
承载人口	合计（万人）	47~59		60~75	60~144		62~149	57~70		65~80	30~56		43~80

规划人口规模：80万~90万

符合城市总体规划要求 ＋ 区别于总体指标限定 ＋ 契合老城区设施配套标准

图4 设施承载力与人口规模的双向匹配分析

图5 在少数民族聚居区打造室内巴扎

09 特大城市生态空间规划编制体系及实施机制研究

获奖情况
2015 年度上海市优秀工程咨询成果奖 二等奖

编制时间
2013 年 11 月—2014 年 9 月

编制人员
金忠民、詹运洲、郭淳彬、李艳、邹玉、薛原、童志毅、陈圆圆、刘博

近年来，特大城市发展扩张的趋势和需求尤为明显，城市生态空间优化和保障生态安全的要求日益紧迫，对生态规划建设提出了新要求。本研究基于既有的国内特大城市生态空间规划的案例、实证以及生态空间建设相关的法规、政策、条例，同时借鉴国际生态空间建设的成功案例，分析现行规划实施中存在的问题，从规划的编制体系、规划的编制技术、规划的实施机制 3 个方面探索生态空间规划与实施的理想模式以及实现路径。

一、研究背景

在大力推进"生态文明建设"的背景下，中国城市发展应树立尊重自然、顺应自然、保护自然的生态文明理念，推行低碳发展、绿色发展、循环发展的发展方式。而近年来特大（超大）城市发展扩张的趋势和需求尤为明显，客观上加剧了生态环境品质的恶化，保障城市生态安全的需求日益紧迫，对生态规划建设提出了新要求。

随着人们对生态休闲空间的需求日益增长，如何满足人们的生态休闲需求已成为生态文明建设的重要内容，是生态规划建设中必须要解决的现实问题。同时，随着特大（超大）城市总体规划编制技术的转变，总体规划的政策属性日益突出，生态空间也应适应常态化的管理要求，一些城市已进行生态空间规划的探索，但尚缺乏明确的生态规划体系，也缺乏完善的实施机制保障。

二、主要内容与结论

研究通过对现有规划、研究以及相应政策的梳理，对生态空间规划的编制体系、技术方法以及实施机制进行研究，并借鉴国外城市的生态空间规划编制和实施的经验，探索生态空间规划编制的模式。同时，针对国内规划编制体系的现状，提出完善编制体系以及实施机制的切实路径。

在规划体系的构建方面，研究提出应把握明确的规划层级、多样的规划形式、顺畅的规划衔接。

在规划技术方法方面，研究提出区域、市域层面应关注生态理念的树立、核心资源的确立、总体空间的布局、管控机制的构建以及分项建设的策略，分区单元层面关注生态理念的落实、生态资源的摸底、具体空间的连接、控制要求的细化以及行动项目的策划。

在规划的实施机制方面，研究总结近年来国内外城市在生态空间规划实施方面的主要政策和举措，一方面对现有规划实施进行反思，另一方面对生态立法保障机制、规划动态更新机制、生态建设平台构建、各类相关政策运用、生态监督制度推行等实施环节提出优化意见。

三、创新与特色

（一）编制体系的构建

研究创新性地提出了特大城市生态空间规划的编制体系构建思路（图1），并初步形成了规划体系方案，为后续研究提供了可靠的技术支撑。

（二）技术方法的分解

研究对生态空间规划涉及的技术方法进行分解，从核心理念、现状评估、生态空间、管控机制、行动计划等角度分别借鉴国际

经验，并对中国特大城市生态空间规划的技术方法提出改善建议。

（三）实施机制的探索

研究响应城市规划转型趋势，突出生态空间规划的政策属性，对规划的实施机制进行深入研究，反思现行规划和实施中存在的问题，为特大（超大）城市生态空间的实施落实提供支撑。

（四）转型路径的判断

研究一方面探索了生态空间规划编制和实施的理想模式，另一方面创新地提出了规划发展和转型的近远期路径。

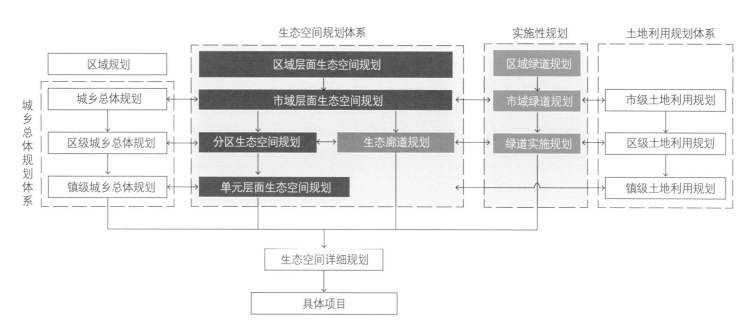

图 1 规划体系构建分析图

10 上海市基本生态网络规划

获奖情况
2011 年度上海市优秀工程咨询成果奖　一等奖
2011 年度上海市优秀城乡规划设计奖　一等奖

编制时间
2009 年 7 月—2010 年 7 月

编制人员
徐闻闻、沈果毅、詹运洲、金忠民、黄吉铭、骆悰、
李艳、邹玉、奚海燕、陈悠悠、杨梅、王立愚、姚凯、
张兰、范晓瑜、王全

为促进本市资源紧约束条件下城市发展转型、维护城市生态安全，按照市政府的工作部署，上海市城市规划设计研究院开展了《上海市基本生态网络规划》的研究、编制工作。规划在现状资源分析、生态理论解读、相关案例借鉴和历次规划梳理的基础上，重点明确了生态用地的总量和布局结构，分类分级划定了生态网络空间控制线，提出了生态空间管制与实施的政策措施和保障机制。

一、规划背景

随着上海城市建设和社会经济的快速发展，生态用地保护压力逐渐加大，主要体现在：①生态用地总量减少趋势比较明显；②生态连通性不够，整体效益较差；③生态用地分布不均衡，近郊区和城市建成区生态用地比重明显较低；④生态空间建设难度比较大（图 1）。为促进本市资源紧约束条件下城市发展转型、加快经济发展方式转变、维护城市生态安全，按照市政府的工作部署，在"两规合一"工作的基础上，2009 年 7 月，市规土局会同市绿化市容局等部门组织开展此项工作。

二、主要内容与结论

（一）规划目标

总体目标是建设与上海"四个中心"建设总目标相适应、与现代化国际大都市目标要求相衔接的生态空间体系。

具体指标是生态用地比例达到陆域用地的 50% 以上，生态用地总面积达到 3 500 平方公里。至 2015 年，市域森林覆盖率达到 15%，至 2020 年力争达到 18%。

（二）实施建议

实施生态要素强控制，推进规划落地。同时，结合区（县）域土地利用总体规划的修编，明确各区（县）生态用地总量、规模、布局，实现生态控制线的优化和精确落地工作（示例可见图 2）；完善生态建设管理和相关政策，确保生态空间建设的实施；建立长效的生态评估机制，实现动态维护和管理；聚焦重点建设区域，积极开展试点区块实施推进工作。

图例
■ 瞻仰景观休闲用地　　■ 滩涂和苇地
□ 耕地　　　　　　　　■ 坑塘水面和养殖水面
□ 园地　　　　　　　　□ 水域
■ 林地　　　　　　　　□ 建设用地

图 1　市域生态用地现状图（2008 年）

分类	生态间隔带（G5）							
功能定位	生态间隔带 G5 与近郊绿环 B6 构成嘉青生态走廊向主城区，同时作为沪宁铁路的主要防护用地，起到隔离铁路对周边城镇建设用地区环境影响的作用。							
土地使用性质	鼓励区域生态建设内规划建设城市郊野公园、体育用地、少量公共服务设施用地。禁止工业用地，大型商业商务中心和对环境有严重影响的对外交通设施和市政设施的规划建设。							
用地比例（%）	耕地	22	林园地	40	湿地	7	瞻仰景观用地	4	建设用地	27
生态控制指标	复垦比重（%）	52	森林覆盖率（%）	43	生态控制区面积（平方公里）	2.84	建筑高度（米）	24	绿地率（%）	40
备注	生态控制指标中复垦比重、森林覆盖率针对整生态功能区块；绿地率、建筑高度率针对生态建设控制区。用地比例以整生态功能区块计。绿地率计算包括公共绿地（G1）、生产防护绿地（G2）及附属绿地。							

图例
▢ 生态间隔带范围
▢ 生态建设控制区
▢ 水域

图2 生态间隔带 G5

三、创新与特色

（一）创新编制方法，倡导"生态优先"的理念和方法

不同于传统城市建设区规划方法，倡导"生态优先"的理念和方法，强调通过优先进行非建设区域的控制，应对快速城市扩张。

（二）编制过程复杂，注重协调各部门利益关系

本规划涉及的各类生态用地，如耕地、林地、园地、湿地等，涉及市绿化局、市农委、市林业局等各部门，编制过程复杂，期间大量协调各部门的利益关系。

（三）覆盖面广，通过各层面的生态空间，落实各类生态用地的管控

通过基础生态空间、郊野生态公园、中心城周边地区生态系统、集中城市化地区绿化空间系统四个层面的空间管控，落实低

碳、生态理念，促进绿地、耕地、林园地和湿地的融合发展，维护生态底线，进而增强城市国际竞争力。

（四）控制线与管控措施并重，双管齐下管控全市生态空间

本规划划定的生态控制线将进入规划国土信息平台，作为"保障发展、保护资源、优化布局"的重要基础，同时明确对各类生态空间的管控要求。

四、实施情况

上海市"十二五"规划已采纳本规划的核心内容，并明确了生态空间的建设目标。上海市城市规划设计研究院完成了《2010年度上海市生态环境建设白皮书暨十年发展回顾梳理》（如嘉定区生态网络规划可见图3）。规划是郊区（县）城乡总体规划梳理和土地利用总体规划的重要依据，并同步完成生态控制线深化工作，对于优化城市空间结构、维护城市生态环境起到了积极的引导。

图3 嘉定区城乡总体规划（2010年梳理版）生态网络规划图

11

上海市郊野公园布局选址和试点基地概念规划

获奖情况

2013 年度全国优秀城乡规划设计奖（城市规划类）
二等奖
2013 年度上海市优秀城乡规划设计奖　一等奖
2014 年度上海市优秀工程咨询成果奖　二等奖

编制时间

2012 年 10 月—2013 年 2 月

编制人员

张玉鑫、管韬萍、夏丽萍、金忠民、殷玮、凌莉、吴双、
徐丹、张彬、钟骅、邹玉、杨秋惠、胡红梅、吴沅箐、
张敏清、张璐璐、赵爽、王睿、曹韵、郭淳彬、陆圆圆、
顾芸、苏甦、王涵昱、张洪武、石崧、卢柯、金敏

郊野公园是落实国家生态文明战略、推进上海可持续发展的重要标志任务。依据选址原则，在上海市郊区选址 21 个郊野公园，近期重点规划建设青西、松南、浦江、嘉北和长兴 5 个试点郊野公园。郊野公园规划遵循"聚焦游憩功能、彰显郊野特色、优化空间结构、提升环境品质"的总体思路，坚持尊重自然生态、尊重地域文化、关注游憩需求、关注"三农问题"、确保综合效益等规划原则，打造市民休闲游乐的"好去处"和"后花园"。

一、规划背景

党的"十八大"报告提出，把生态文明建设放在突出地位，"五位一体"建设中国特色社会主义。按照国家与区域宏观发展战略的总体要求，根据上海市委、市政府对推进上海现代化国际大都市建设的具体部署以及上海"创新驱动、转型发展"的核心任务，集中推进以郊野公园为重点的大型游憩空间和生态环境建设，是促进城市科学发展、满足日益增长的社会需求、提升生态文明的重大战略举措，也是解决"三农问题"、推动地区发展、优化城乡发展战略转变、推进新型城镇化的有效途径。

从都市需求角度分析，上海作为一个拥有 2 400 万常住人口的国际大都市，在快速城镇化的发展中，面临着环境、健康、安全等一系列问题和挑战。同时，市民对于回归自然、找寻地方记忆、舒缓都市压力的需求也日益迫切。规划借鉴国内外经验，结合土地整治规划、郊野单元规划等专项工作，开展全市郊野公园选址、概念规划和相关实施机制研究工作。

二、主要内容与结论

（一）发展要求

发展要求主要有 4 个方面：①生态优先，注重郊区功能发展，切实推进城乡发展战略转变；②以人为本，聚焦都市游憩需求，塑造上海特色郊野活动空间；③有机发展，稳定城市增长边界，优化城市总体空间结构布局；④整合资源，发挥综合效应，加快实现城乡土地使用方式转变。

（二）规划设想

上海将遵循"聚焦游憩功能、彰显郊野特色、优化空间结构、提升环境品质"的规划理念，规划在郊区布局建设一批具有一定规模、自然条件较好、公共交通便利的郊野公园，逐步形成与城市发展相适应的大都市游憩空间格局，成为市民休闲游乐的"好去处"和"后花园"。

以《上海市基本生态网络规划》为基础，考虑自然资源条件、生态功能影响、公共交通便捷性、毗邻郊区新城和大型居住社区等因素，全市选址布局21个郊野公园，总面积约400平方公里（图1）。规划市域若干条郊野步道，作为市民徒步、远足、健身的自然路径。近期重点规划建设闵行区浦江、嘉定区嘉北、青浦区青西、松江区松南、崇明区长兴5个试点郊野公园，总面积约103平方公里。

（三）概念方案

按照"自然要素提升、游憩活动组织、空间景观塑造、设施配套完善、实施建设保障"5个基本要求，对5个试点基地进行概念方案设计。

1. 青西郊野公园

突出江南水乡湿地特点，建成上海西部以密集的河、湖、塘、湾、滩等水要素为重点，以湿地、生态、自然、休憩为特色的远郊湿地型郊野公园（图2）。

2. 松南郊野公园

体现黄浦江上游乡野田林特色，结合黄浦江水源生态涵养林，规划建设林水相依、林田相间、林村相融的滨江生态森林型郊野公园（图3）。

3. 浦江郊野公园

强调毗邻中心城的都市森林特色，以生态片林为特色，以森林游憩、滨水休闲为主要功能的近郊都市森林型郊野公园（图4）。

4. 嘉北郊野公园

强调原生态和水乡文化特色，以五彩花田、都市森林为特色，以体育运动、康体养生为主要功能的近郊休闲型郊野公园（图5）。

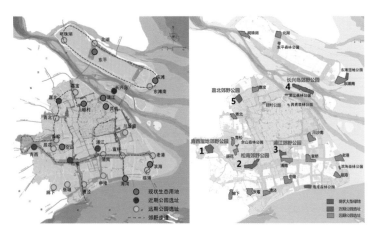

图1　上海市郊野公园选址规划示意图

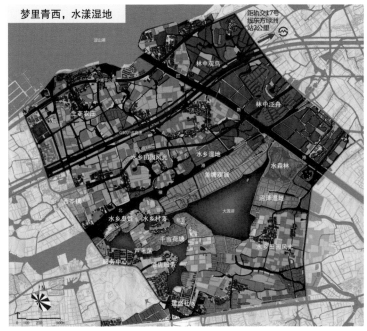

图2　青西郊野公园概念方案总图

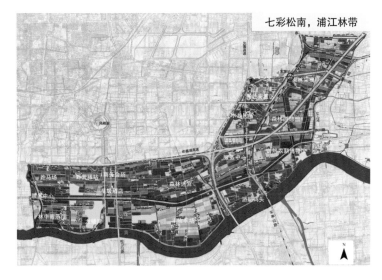

图3　松南郊野公园概念方案总图

5. 长兴郊野公园

凸显水源地的江心岛屿特色，形成以生态涵养为根本、以水网杉林为特色，融合休闲健身、生态体验、景观旅游、农家观光等游憩功能的远郊生态涵养型郊野公园（图6）。

三、实施情况

2013年2月8日，市规土局正式批复选址及概念规划成果。至2017年6月，青西郊野公园、长兴岛郊野公园、金山廊下郊野公园已建成开园。浦江郊野公园、嘉北郊野公园、广富林郊野公园将分别于2017年7月、9月、10月陆续开园。

浦江绿心，林中漫步

图 4 浦江郊野公园概念方案总图

休养嘉北，花田林海

图 5 嘉北郊野公园概念方案总图

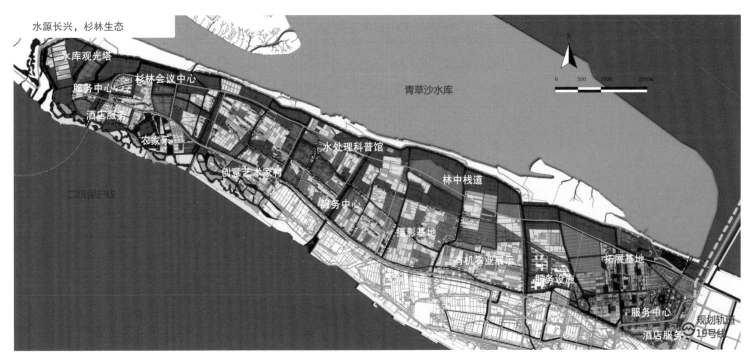

水源长兴，杉林生态

图 6 长兴郊野公园概念方案总图

图书在版编目（CIP）数据

集粹扬帆：上海市城市规划设计研究院规划设计作
品精选集.Ⅲ / 上海市城市规划设计研究院编著.-- 上
海：同济大学出版社，2017.11

ISBN 978-7-5608-7442-5

Ⅰ.①集… Ⅱ.①上… Ⅲ.①城市规划 – 建筑设计 –
作品集 – 中国 – 现代 Ⅳ.① TU984.2

中国版本图书馆 CIP 数据核字（2017）第 250372 号

集粹扬帆

上海市城市规划设计研究院
规划设计作品精选集Ⅲ

上海市城市规划设计研究院　编著

出 品 人　华春荣

策　　划　江　岱　　责任编辑　朱笑黎　　助理编辑　周希冉　　责任校对　徐春莲　　装帧设计　张　微

出版发行　同济大学出版社 www.tongjipress.com.cn
　　　　　（地址：上海四平路 1239 号　邮编：200092　电话：021–65985622）
经　　销　全国各地新华书店
印　　刷　上海安兴汇东纸业有限公司
开　　本　787mm×1092mm　1/8
印　　张　28
印　　数　1—3 100
字　　数　560 000
版　　次　2017 年 11 月第 1 版　　2017 年 11 月第 1 次印刷
书　　号　ISBN 978-7-5608-7442-5
定　　价　280.00 元